农林废弃物收储运装备选型和利用模式

NONGLIN FEIQIWU SHOUCHUYUN ZHUANGBEI XUANXING HE LIYONG MOSHI

陈永生　韩柏和　主编

中国农业出版社
北　京

图书在版编目（CIP）数据

农林废弃物收储运装备选型和利用模式／陈永生，韩柏和主编．—北京：中国农业出版社，2021.6
ISBN 978-7-109-27425-9

Ⅰ.①农… Ⅱ.①陈… ②韩… Ⅲ.①农业废物－废物处理－研究②农业废物－废物综合利用－研究 Ⅳ.①X71

中国版本图书馆CIP数据核字（2020）第189374号

中国农业出版社出版
地址：北京市朝阳区麦子店街18号楼
邮编：100125
责任编辑：国　园　孟令洋　郭　科
责任校对：吴丽婷　　　　责任印制：王　宏
印刷：中农印务有限公司
版次：2021年6月第1版
印次：2021年6月北京第1次印刷
发行：新华书店北京发行所
开本：787mm × 1092mm　1/16
印张：6.25
字数：200千字
定价：60.00元

编写人员

主　编：陈永生　韩柏和

副主编：陈明江　谢　虎　王振伟

参编者（以姓氏笔画为序）：

马　标　王鹏军　付菁菁　曲浩丽

许斌星　李瑞容　吴爱兵　赵维松

高琪珉　曹　杰

前 言

我国具有丰富的农林废弃物资源，如何化害为利，更加科学、更加高效和更有价值地利用好农林废弃物，事关我国耕地质量保护与提升，事关农村突出环境问题治理与生态宜居，事关种养结合生态循环农业发展，是农业农村发展新阶段的重大课题。

治理农林废弃物，必须走规模化利用、产业化发展之路。由于农林废弃物品类繁杂、分布分散、季节性强，收集、储存和运输成为规模化利用和产业化发展的主要瓶颈。因此，如何选择可靠、适用的收储运装备，建立合理、高效的收储运体系，是必须首先解决的关键问题。

本书在对目前农林废弃物收储运装备与营运模式考察和调研基础上，系统介绍了主要农林废弃物收储运实际运用的先进装备，并提供了几种典型的营运模式及其案例，内容包括秸秆收储运、林木残枝处理、残膜回收、粪污收集转运等方面，对农林废弃物收储运从业人员具有重要的参考价值。

本书编辑出版得到了相关企业、科研单位和业内专家的大力支持，感谢江苏省农业科学院杜静等提供了丰富的第一手资料和宝贵的编写建议。

编　者

2020年5月20日

目 录

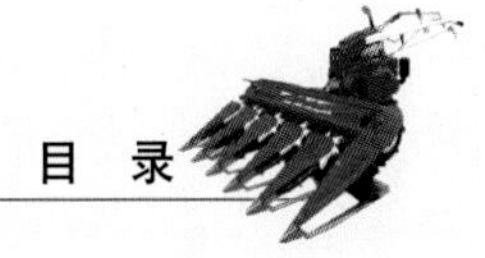

第一章 秸秆收储运装备

1.1 割晒装备

割晒是指切割并铺放秸秆于田间的作业，目的是加速降低秸秆含水量，使之不易腐烂。割晒装备按作业对象主要分为两大类：一类针对稻麦、大豆、油菜、甜高粱等作物，由往复式割刀和秸秆铺放装置组成，按驱动方式分为自走式和悬挂式两种；另一类针对苜蓿等木质化细胞少、茎秆软弱的作物，按割刀方式分为往复式和旋转式两种。

1.1.1 自走式割晒机

◆ 功能及特点

自走式割晒机是一种特殊型式和用途的收割机，其主要功能是割倒作物禾秆，将其摊铺在留茬上，成为穗尾搭接的禾条，便于晾晒。晾晒后的禾条由带捡拾器的谷物联合收割机捡拾收获。该机也可用于收割牧草。

◆ 相关生产企业

佳木斯市阳光机械有限公司、齐齐哈尔农垦红星农业机械制造有限公司、山东唯信农业科技有限公司。

◆ 典型机型技术参数

佳木斯市阳光机械有限公司生产的阳光4SZ-5.0自走式割晒机（图1-1）主要技术参数：

名　称	单　位	参　数
割幅	mm	5 000
功率	kW	65
离地间隙	mm	1 050
生产效率	hm^2/h	2.7 ~ 4.7
转弯半径	mm	5 000

图1-1　4SZ-5.0自走式割晒机

1.1.2　悬挂式割晒机

◆ 功能及特点

悬挂式割晒机是一种将割晒装备悬挂于通用拖拉机前的割晒设备，此种割晒设备安装方便，工作效率高，适应能力强。

◆ 相关生产企业

曲阜市宏鑫机械厂、潍坊三农机械有限公司、山东华兴机械股份有限公司、重庆华世丹机械有限公司、盐城市新明悦机械制造有限公司、浙江挺能胜机械有限公司、开江县劲马农耕机有限责任公司、曲阜鑫联重工机械制造有限公司。

◆ 典型机型技术参数

盐城市新明悦机械制造有限公司生产的4GL150型割晒机（图1-2）主要技术参数：

名　称	单　位	参　数
割幅	mm	1 800
割刀行程	mm	50
输送带线速度	m/s	2.9
工作速度	km/h	5.2 ~ 8.9
离地间隙	mm	1 050

（续）

名　　称	单　　位	参　　数
生产效率	hm^2/h	0.4 ～ 0.6
割茬高度	mm	≥25
外形尺寸（长 × 宽 × 高）	mm × mm × mm	2 150 × 1 030 × 540
铺放形式	—	侧向条放

图1-2　4GL150 型割晒机

1.1.3　手扶式割晒机

◆ **功能及特点**

手扶式割晒机是一种小型割晒装备，又称微型割晒机，其重量轻、操作简便，特别适用于丘陵、山区的小型田块。

◆ **相关生产企业**

曲阜市宏鑫机械厂、潍坊三农机械有限公司、山东华兴机械股份有限公司、重庆华世丹机械有限公司、盐城市明悦机械厂、浙江挺能胜机械有限公司、开江县劲马农耕机有限责任公司。

◆ **典型机型技术参数**

山东华兴机械股份有限公司生产的小神牛4GL-150割晒机（图1-3）主要技术参数：

图1-3　小神牛 4GL-150 割晒机

名　　称	单　　位	参　　数
割幅	mm	1 500
生产效率	hm^2/h	0.2 ～ 0.27

（续）

名　称	单　位	参　数
割茬高度	mm	30 ～ 120
配套动力	kW	4 ～ 5.8
外形尺寸（长 × 宽 × 高）	mm × mm × mm	1 790 × 835 × 605
重量	kg	320
铺放形式	—	侧向条放

1.1.4　往复式割草机

◆ **功能及特点**

往复式割草机主要工作部件是往复切刀，具有结构简单、操作容易、割茬低且整齐、牧草损失小的特点。

◆ **相关生产企业**

山东富邦农业机械装备有限公司、呼伦贝尔市蒙力农牧业机械制造有限公司、奥地博田农业科技青岛有限公司、伊诺罗斯（北京）农业机械有限公司。

◆ **典型机型技术参数**

伊诺罗斯（北京）农业机械有限公司生产的BF 180H往复式割草机（图1-4）主要技术参数：

名　称	单　位	参　数
割幅	mm	2 800
前进速度	km/h	8 ～ 10
割茬高度	mm	30 ～ 120
配套动力	kW	≥ 20

图1-4　BF 180H往复式割草机

1.1.5 旋转式割草机

◆ **功能及特点**

旋转式割草机属于无支撑切割，切刀随着转盘高速旋转，具有前进速度快、不易堵塞、刀片易更换、生产效率高的特点。但因为转盘高速旋转，割茬不整齐，碎草较多。

◆ **相关生产企业**

美国威猛（Vermeer）公司、奥地博田农业机械制造有限公司、上海世达尔现代农机有限公司、伊诺罗斯（北京）农业机械有限公司。

◆ **典型机型技术参数**

上海世达尔现代农机有限公司生产的圆盘式9GXD-1.7割晒机（图1-5）主要技术参数：

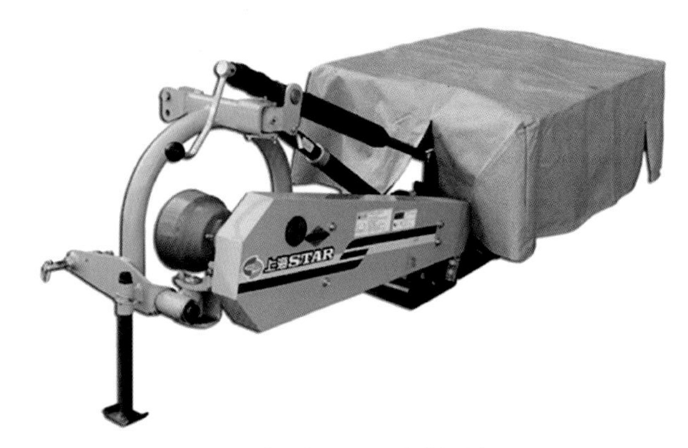

图1-5 9GXD-1.7割晒机

名 称	单 位	参 数
割幅	mm	1 620
PTO转速	r/min	540
割茬高度	mm	30 ~ 120
配套动力	kW	26 ~ 59
外形尺寸（长×宽×高）	mm×mm×mm	330×1 635×870
重量	kg	435
刀盘数	个	4

1.1.6 割草压扁机

◆ **功能及特点**

割草压扁机是一次性完成割草、压扁和铺条作业的牧草收获机械，又称割草调制机，多用于潮湿的高产草场收获豆科牧草。使用该设备将鲜牧草割下、茎秆压扁挤裂，可加速其内部水分蒸发，缩短干燥时间，并使茎秆、叶、花干燥程度接近，减少养分损失，提高干草质量。

◆ **相关生产企业**

欧力德农业机械（北京）有限公司、上海世达尔现代农机有限公司、德国克拉斯农机公司（CLAAS KGaA mbH）、法国KUHN、凯斯纽荷兰机械（哈尔滨）有限公司、约翰迪尔佳木斯机械有限公司。

◆ **典型机型技术参数**

德国克拉斯（CLAAS）农机公司生产的DISCO系列3200TRC割草压扁机（图1-6）主要技术参数：

名　称	单　位	参　数
结构形式	—	牵引式
割幅	mm	3 000
PTO转速	r/min	540
运输宽度	mm	3 000
配套动力	kW	＞50
重量	kg	435
刀盘数	个	7

图1-6　DISCO系列3200 TRC割草压扁机

1.2　集草装备

集草装备是在完成草料割晒程序之后，对草料进行翻晒和搂集成条的装备，包括摊晒机和搂草机。搂草机按照工作原理分为横向搂草机、侧向搂草机和滚筒式搂草机。

1.2.1　摊晒机

◆ **功能及特点**

摊晒机是将作物秸秆均匀摊开晾晒，加快作物的晾晒过程的一种设备。

◆ **相关生产企业**

雷沃重工股份有限公司、中国农业机械化科学研究院生物质能中心、马斯奇奥（青岛）农机制造有限公司、格兰集团。

◆ **典型机型技术参数**

格兰集团生产的8060摊晒机（图1-7）主要技术参数：

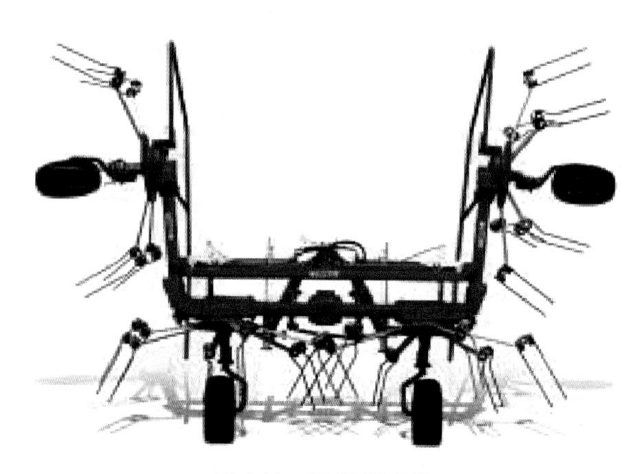

图1-7　8060摊晒机

名　称	单　位	参　数
结构形式	—	牵引式
工作幅宽	mm	6 800
PTO转速	r/min	540
运输宽度	mm	2 980
配套动力	kW	＞70
重量	kg	855

1.2.2　搂草机

搂草机是将铺于地面的牧草搂集成草条的牧草收获机械。按照草条的方向与机具前进方向的关系，搂草机可分为横向和侧向两大类。

1.2.2.1　横向搂草机

◆ **功能及特点**

横向搂草机有牵引式、悬挂式等类型，工作部件是一排横向并列的圆弧形或者螺旋形弹齿，将草搂铺成横向草条（草条同机具的行进方向垂直）。

◆ **相关生产企业**

内蒙古华德牧草机械有限责任公司等。

◆ **典型机型技术参数**

内蒙古华德牧草机械有限责任公司生产的9GL2.4/2.8型牵引式搂草机（图1-8）主要技术参数：

名　称	单　位	参　数
结构形式	—	牵引式
工作幅宽	mm	2 400
工作速度	km/h	6 ~ 7
平均割茬高度	mm	60 ~ 70
PTO转速	r/min	540
生产效率	hm^2/h	1.2 ~ 2
配套动力	kW	＞60
重量	kg	458
外形尺寸（长×宽×高）	mm×mm×mm	3 375×3 320×1 550

图1-8　9GL2.4/2.8型牵引式搂草机

1.2.2.2　侧向搂草机

侧向搂草机有指轮式搂草机、旋转式搂草机和滚筒式搂草机三种类型，草条的方向与机具前进的方向平行。

(1) 指轮式搂草机

◆ 功能及特点

由套在机架轴上的若干个指轮平行排列组成，结构简单，没有传动装置。作业时，指轮接触地面，靠地面的摩擦力而转动，将牧草搂向一侧，形成连续整齐的草条。作业速度可达15km/h以上，适用于搂集产量较高的牧草、作物秸秆以及土壤中的残膜。改变指轮平面与机具前进方向的夹角，又可进行翻草作业。

◆ 相关生产企业

内蒙古牙克石市兴农农机具制造有限公司、麦赛福格森（Maisey Ferguson）、美国约翰迪尔（John Deere）公司、伊诺罗斯（北京）农业机械有限公司。

◆ 典型机型技术参数

伊诺罗斯（北京）农业机械有限公司生产的CADDY-8指盘式搂草机（图1-9）主要技术参数：

名　称	单　位	参　数
结构形式	—	牵引式
工作幅宽	mm	5 400
工作速度	km/h	20
PTO转速	r/min	540
配套动力	kW	＞30
重量	kg	600
搂草轮数	个	8
每轮齿条数	个	40
齿条宽度	mm	7

图1-9 CADDY-8指盘式搂草机

(2) 旋转式搂草机

◆ 功能及特点

按旋转部件的类型分搂耙式和弹齿式两种。旋转搂耙式搂草机的每个旋转部件上装有6～8个搂耙，作业时，由拖拉机牵引前进，搂耙由动力输出轴驱动，由安装在中间的固定凸轮控制，在绕中心轴旋转的同时自身也转动，从而完成搂草、放草等动作。旋转弹齿式搂草机是在一个旋转部件的周围装上若干弹齿，弹齿靠旋转离心力张开，进行搂草作业。若改变弹齿的安装角度，即可进行摊草作业。旋转式搂草机与捡拾机具配套方便，搂集的草条松散透风，牧草损失小、污染轻，作业速度可达12～18km/h。

◆ 相关生产企业

内蒙古牙克石市兴农农机具制造有限公司、爱科（中国）投资有限公司（Maisey Ferguson）、美国约翰迪尔（John Deere）公司、伊诺罗斯（北京）农业机械有限公司、德国克拉斯农机公司（CLAAS KGaA mbH）、德国科罗尼（KRONE）公司、瑞士施特劳曼（Strautmann）公司、上海世达尔现代农机有限公司、黑龙江德沃科技开发有限公司。

◆ 典型机型技术参数

上海世达尔现代农机有限公司生产的9LXD-2.5旋转搂草机（图1-10）主要技术参数：

名　称	单　位	参　数
结构形式	—	牵引式
工作幅宽	mm	2 500
工作速度	km/h	4～8
PTO转速	r/min	540
配套动力	kW	＞20
重量	kg	168
搂齿数	个	12
外形尺寸（长×宽×高）	mm×mm×mm	2 100×1 950×950

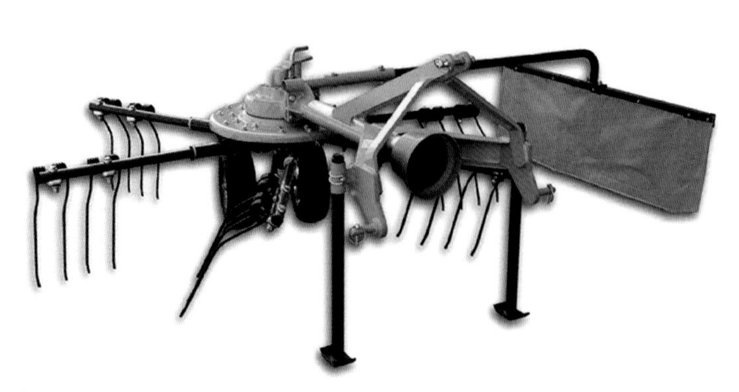
图1-10　9LXD-2.5旋转搂草机

(3) 滚筒式搂草机

◆ 功能及特点

滚筒式搂草机主要工作部件是一个绕水平轴旋转的搂草滚筒，滚筒由3～6根装有成排搂草弹齿的平行齿杆组成，齿杆两端铰连在两个互相平行的滚筒回转端面上，构成一个平行四杆机构，因而在滚筒旋转过程中，弹齿的指向始终保持相互平行。作业时，弹齿随机具前进，同时绕水平轴回转，地面上的牧草经过弹齿的作用，在滚筒一侧形成与前进方向一致的连续草条，草条疏松整齐，有利于牧草的干燥和后续作业。滚筒端面与机具前进方向成一夹角为前进角，滚筒回转端面和齿杆间夹角则为滚筒角。滚筒式搂草机可分为直角滚筒式和斜角滚筒式两种，前者的滚筒角为90°、前进角为45°；后者的滚筒角小于90°、前进角大于90°。滚筒式搂草机适用于产量较高的草场，在低产草场上采用双列配置的滚筒式搂草机，可以搂集较大的草条。有的滚筒式搂草机还可通过改变滚筒旋转方向，进行翻草作业。滚筒式搂草机按挂接方式可分为牵引式和悬挂式两种，前者由行走轮驱动，后者由拖拉机动力输出轴驱动滚筒旋转。

◆ 相关生产企业

上海纽荷兰农业机械有限公司。

◆ 典型机型技术参数

上海纽荷兰农业机械有限公司生产的纽荷兰256型搂草机（图1-11）主要技术参数：

名　称	单　位	参　数
结构形式	—	牵引式
工作幅宽	mm	2 591
工作速度	km/h	3～11
搂铺方向	—	左侧
传动形式	—	地轮
重量	kg	358
弹齿杆	个	5
弹齿数	个	90
外形尺寸（长×宽×高）	mm×mm×mm	3 124×1 321×3 073

图1-11　纽荷兰256型搂草机

1.3　离田装备

秸秆机械离田有多种方式，一是秸秆粉碎后集箱离田，收集后的秸秆可直接应用，如用作燃料或青贮、黄贮；二是秸秆打捆离田，这种方式可有效调高秸秆的运输密度，降低运输成本；三是秸秆直接捡拾后装箱离田，该方式可实现秸秆的快速离田。

1.3.1　秸秆粉碎离田装备

秸秆粉碎离田装备按工作原理主要分为两大类：一类是秸秆在地表经过甩刀类粉碎设备粉碎后再经风机吹送至料箱，此类设备收集的秸秆多为粉碎揉搓状，含杂质较多，不适宜饲喂；另一类是秸秆收割后进入设备进行粉碎，粉碎后的秸秆含杂量少，多数用来直接饲喂或制作饲料。秸秆粉碎离田装备按动力结构形式可分为悬挂式、牵引式、背负式、自走式等几种。

1.3.1.1　前悬挂式青贮饲料收获机

◆ **功能及特点**

前悬挂式青贮饲料收获机悬挂在拖拉机前方作业，主要由秸秆收割喂入装置、秸秆粉碎装置、喷料装置组成，安装方便，工作效率高。

◆ **相关生产企业**

郑州远大农牧有限公司、石家庄益丰泰机械有限公司、宁津县远大农牧机械公司、山东犇牛畜牧机械设备有限公司。

◆ **典型机型技术参数**

山东犇牛畜牧机械设备有限公司生产的4QX-1400型青贮饲料收获机（图1-12）主要技术参数：

图1-12　4QX-1400型青贮饲料收获机

名　称	单　位	参　数
挂接方式	—	悬挂式
结构形式	—	圆盘切刀式
工作幅宽	mm	1 400
工作速度	km/h	3 ～ 11
最低割茬高度	mm	50
秸秆切割转子直径	mm	692
秸秆切碎转子转速	r/min	100
抛送高度	mm	3 480
抛送距离	mm	6 000
抛送筒回转角度	°	±180
外形尺寸（长 × 宽 × 高）	mm × mm × mm	3 800 × 1 490 × 3 480
配套动力	kW	44 ～ 66

1.3.1.2　秸秆粉碎回收机

◆ **功能及特点**

秸秆粉碎回收机的基本原理是粉碎锤高速旋转冲击直立秸秆，在刀辊甩动和喂料口负压的作用下，秸秆被吸入机壳内，并与机壳的定齿相遇受到剪切，接着在流经折线型的机壳内壁时由于截面的变化导致气流速度的改变，使秸秆多次受到击打，最后被气流抛送到接料筒，筒内的搅龙将秸秆输送到右端的风机内，在风机叶片高速旋转的离心力作用下，将秸秆抛出至秸秆拖车或自带料箱中。

◆ **相关生产企业**

石家庄益丰泰机械有限公司、山东润源实业有限公司、山东新圣泰机械有限公司。

◆ **典型机型技术参数**

山东新圣泰机械有限公司生产的ST-1650型秸秆粉碎回收机（图1-13）主要技术参数：

名　称	单　位	参　数
结构形式	—	后悬挂
工作幅宽	mm	1 800
工作效率	hm^2/h	0.33 ～ 0.47
PTO 转速	r/min	540/720
重量	kg	720
外形尺寸（长 × 宽 × 高）	mm × mm × mm	1 400 × 1 950 × 1 100
动力	kW	70 ～ 90
粉碎方式	—	粉碎、揉搓

图1-13　ST-1650秸秆粉碎回收机

1.3.1.3　自走式青贮饲料收获机

◆ **功能及特点**

自走式青贮饲料收获机转弯半径小、灵活度高，能够较好地适应我国农业环境。主要工作部件包括往复式切刀割台、粉碎机、喷料装置等。适于高秆作物，喂入均匀，切碎长度可调，部分机型可选配揉搓板，以适应不同用户的要求。

◆ **相关生产企业**

中联重科股份有限公司、郓城优达农业机械制造有限公司、德国克拉斯农机公司(CLAAS KGaA mbH)、甘肃金峰农业装备工程有限责任公司、河南中旗农机科技有限公司、河北牧泽农牧机械有限公司、山东犇牛畜牧机械设备有限公司、石家庄鑫茂机械有限公司。

◆ **典型机型技术参数**

中联重科股份有限公司生产的谷王4QZ-3000A青贮饲料收获机（图1-14）主要技术参数：

名　称	单　位	参　数
割台种类	—	往复式加长割台
挂接方式	—	快速挂接割台
切碎刀片结构形式	—	滚刀式
工作幅宽	mm	3 000
工作速度	km/h	3 ~ 11
最低割茬高度	mm	≤ 120
喂入量	kg/s	≥ 16
喂入室宽度	mm	580
切碎滚筒直径	mm	800
切碎转子转速	r/min	1 000
切断长度	mm	10 ~ 45

（续）

名　称	单　位	参　数
抛送高度	mm	5 000
整机重量	kg	8 580
抛送筒回转角度	°	±90
外形尺寸（长 × 宽 × 高）	mm × mm × mm	7 500 × 3 370 × 3 550
配套动力	kW	44 ~ 66

图1-14　谷王4QZ-3000A青贮饲料收获机

德国克拉斯农机公司生产的CLAAS JAGUAR940自走式青贮饲料收割机（图1-15）主要技术参数：

名　称	单　位	参　数
发动机	—	梅赛德斯奔驰
气缸	—	V8
常规添加剂液箱	L	375
不对行玉米割台	行/m	10/7，8/6
捡拾器	mm	2 623/3 599
工作速度	km/h	3 ~ 11
DIRECT DISC 520/610系列直切割台幅宽	mm	5 125/5 995
喂入量	kg/s	≥ 16
喂入室宽度	mm	750
切碎滚筒直径	mm	630
切碎转子转速	r/min	1 080

（续）

名　称	单　位	参　数
动力	kW	350
外形尺寸（长×宽×高）	mm×mm×mm	6 495×2 990×3 897

图1-15　CLAAS JAGUAR940青贮饲料收割机

JAGUAR系列自走式青贮饲料收割机是一款先进的青贮饲料收获机，不但有多种割台且具有强劲的动力，性能优良，生产效率高，切料长度可调，具有自动化磨刀系统、终端控制系统，配备CRUISEPILOT巡航领航，配备V-max刀辊，切割精度、切割效率高，同时配有大容量青贮添加剂系统，可灵活配量。

1.3.2　秸秆压缩打捆离田装备

秸秆压缩打捆离田装备主要针对农作物秸秆、牧草、林业枝条等，通过机械或者液压的方式将其体积大幅度压缩并捆扎，经打捆后，密度提高、形状规则、适宜运输与存储，其作业工序主要包括收集、输送、喂入、压缩、捆扎、放捆等。压缩打捆离田装备根据捆形分为方捆打捆机和圆捆打捆机，目前主流打捆机为牵引式，牵引动力主要为拖拉机。

1.3.2.1　方捆打捆机

方捆打捆机先是把作业对象直接压扁或者粉碎后推入截面为矩形的压缩成捆室，通过活塞挤压成形，使用打结器捆扎并输出。方捆打捆机根据成捆室截面面积大小的不同，可分为小型、中型和大型方捆打捆机。方捆打捆机可连续成形作业，不需要停机，且成形后的草捆方便运输和存储。

（1）小型方捆打捆机

◆ 功能及特点

小型方捆打捆机成形草捆宽度通常在400 ～ 460mm，高度在300 ～ 360mm，一般采用两个打结器对成形草捆进行捆扎。

◆ 相关生产企业

德国克拉斯农机公司（CLAAS KGaA mbH）、美国约翰迪尔（John Deere）公司、美国凯斯纽荷兰公司（CNH）、星光农机股份有限公司、上海世达尔现代农机有限公司、内蒙古华德牧草机械有限责任公司。

◆ **典型机型技术参数**

德国克拉斯农机公司生产的CLAAS MARKANT系列小型打捆机（图1-16）主要技术参数：

名　称	单　位	参　数
捡拾宽度	mm	1 850
打捆通道尺寸（长 × 宽 × 高）	mm × mm × mm	1 100 × 460 × 360
方捆长度	mm	400 ～ 1 100
活塞冲程	r/min	93
喂入方式	—	曲柄入料输送

图1-16　CLAAS MARKANT系列小型打捆机

（2）中型方捆打捆机

◆ **功能及特点**

中型方捆打捆机成形草捆宽度通常在500 ～ 800mm，高度在360 ～ 560mm，一般采用3个或4个打结器对成型草捆进行捆扎。

◆ **相关生产企业**

上海世达尔现代农机有限公司、雷沃重工股份有限公司、内蒙古华德牧草机械有限责任公司。

◆ **典型机型技术参数**

上海世达尔现代农机有限公司生产的9YFQ-2.4Z型三道绳方捆打捆机（图1-17）主要技术参数：

名　称	单　位	参　数
捡拾宽度	mm	2 030
草捆截面尺寸	mm × mm	360 × 600

（续）

名　称	单　位	参　数
草捆可调长度	mm	500 ～ 1 300
作业速度	km/h	4 ～ 7
配套动力	kW	73.5 ～ 92
PTO转速	r/min	1 000

图1-17　9YFQ-2.4Z型三道绳方捆打捆机

(3) 大型方捆打捆机

◆ **功能及特点**

大型方捆打捆机成形草捆宽度通常在1 000mm以上，高度在660mm以上，一般采用6个打结器对成形草捆进行捆扎。

◆ **相关生产企业**

德国克拉斯农机公司（CLAAS KGaA mbH）、美国凯斯纽荷兰公司（CNH）、法国库恩公司（KUHN）。

◆ **典型机型技术参数**

德国克拉斯农机公司生产的CLAAS QUADRANT5300大型方捆打捆机（图1-18）主要技术参数：

名　称	单　位	参　数
捡拾宽度	mm	2 350
打捆通道尺寸（长 × 宽 × 高）	mm × mm × mm	3 850 × 1 200 × 700
草捆可调长度	mm	500 ～ 1 000
作物喂入	—	POTO EED旋转喂入系统/FINE UT精细切割系统/SPECIAL UL茎秆切割器

图1-18　CLAAS QUADRANT5300大型方捆打捆机

1.3.2.2　圆捆打捆机

圆捆打捆机先将收集的作业对象连续导入成形打捆室形成草芯，并不断旋转，直至直径变大为成型腔大小后进行捆绳或缠网，然后开仓放捆。圆捆打捆机根据成型腔大小可分为小型、中型和大型圆捆打捆机。圆捆打捆机草捆成形后通常需要停机进行捆绳或缠网、开仓放捆、关闭仓门等作业，作业效率较方捆打捆机低，且成形圆捆运输效率低，但圆捆打捆机结构简单，可靠性高，价格较低。

（1）小型圆捆打捆机

◆ 功能及特点

小型圆捆打捆机成形草捆直径通常在500 ~ 700mm。

◆ 相关生产企业

星光玉龙机械（湖北）有限公司、上海世达尔现代农机有限公司、江苏沃得农业机械有限公司、内蒙古华德牧草机械有限责任公司。

◆ 典型机型技术参数

星光玉龙机械（湖北）有限公司生产的九宫9YYL-0.6小型圆捆打捆机（图1-19）主要技术参数：

名　　称	单　　位	参　　数
草捆直径	mm	600
草捆宽度	mm	700
捡拾器作业宽度	mm	700
弹齿杆数量	条	4
弹齿数量	个	84
生产率	捆/h	40
配套动力	kW	15 ~ 37
作业速度	km/h	4 ~ 8
动力输出轴转速	r/min	540

(2) 中型圆捆打捆机

◆ 功能及特点

中型圆捆打捆机成形草捆直径通常在800 ~ 1 000mm。

◆ 相关生产企业

上海世达尔现代农机有限公司、山东润源实业有限公司。

◆ 典型机型技术参数

上海世达尔现代农机有限公司生产的9JYQ-85中型圆捆打捆机（图1-20）主要技术参数：

图1-19　九宫9YYL-0.6小型圆捆打捆机

名　称	单　位	参　数
草捆直径	mm	850
草捆宽度	mm	900
捡拾器作业宽度	mm	900
配套动力	kW	22 ~ 30
作业速度	km/h	5 ~ 8
动力输出轴转速	r/min	540
机器重量	kg	930
外形尺寸（长 × 宽 × 高）	mm × mm × mm	2 450 × 1 850 × 1 600

图1-20　9JYQ-85中型圆捆打捆机

(3) 大型圆捆打捆机

◆ 功能及特点

大型圆捆打捆机成形草捆直径通常在1 200mm以上。

◆ **相关生产企业**

内蒙古华德牧草机械有限责任公司、呼伦贝尔市蒙拓农机科技股份有限公司、呼伦贝尔市华迪牧业机械有限公司、江苏沃得农业机械有限公司、星光农机股份有限公司、德国克拉斯农机公司（CLAAS KGaA mbH）、法国库恩公司（KUHN）、德国科罗尼（KRONE）公司。

◆ **典型机型技术参数**

呼伦贝尔市华迪牧业机械有限公司生产的9YA-1.5型大型圆捆打捆机（图1-21）主要技术参数：

名　称	单　位	参　数
草捆直径	mm	1 200
草捆宽度	mm	1 500
捡拾器作业宽度	mm	1 880
结构质量	kg	2 000
草捆质量	kg	茎秆<150，牧草<300
配套动力	kW	45
生产率	捆/h	12 ～ 30
动力输出轴转速	r/min	540

图1-21　9YA-1.5型大型圆捆打捆机

1.3.2.3　自走式打捆机

自走式打捆机自带动力，不需要拖拉机牵引，因此具有转弯半径小、操作方便、收获率高、无二次碾压等特点。自走式打捆机主要有自走轮式打捆机和自走履带式打捆机。

（1）自走轮式打捆机

◆ **功能及特点**

通常自走轮式打捆机包括轮式底盘、驾驶室、发动机、收集割台、输送机构、压缩打捆机构等。自走轮式打捆机近距离转场作业不需运输车辆转运。

◆ **相关生产企业**

新疆机械研究院股份有限公司、山东裕田机械制造有限责任公司、德州鲁发机械有限公司、山西绛县星源工贸有限公司、美国威猛（Vermeer）公司、美国联合系统公司（Allied Systems Company）。

◆ **典型机型技术参数**

新疆机械研究院股份有限公司生产的牧神4KZ-300自走式秸秆打捆机（图1-22）主要技术参数：

名　称	单　位	参　数
作业效率	hm^2/h	0.33 ～ 0.80
工作幅宽	mm	3 000
理论作业速度	km/h	1 ～ 8
草捆形式	—	方捆
草捆大小（长 × 宽 × 高）	mm × mm × mm	400 ～ 1 100（可调） × 460 × 360

图1-22　牧神4KZ-300自走式秸秆打捆机

(2) 自走履带式打捆机

◆ **功能及特点**

通常自走履带式打捆机包括履带式底盘、驾驶室、发动机、收集割台、输送机构、压缩打捆机构等。自走履带式打捆机具有作业效率高、收净率高、田块适应范围大、水田通过性强等优点。

◆ **相关生产企业**

星光农机股份有限公司、中联重科股份有限公司、南通棉花机械有限公司、山西绛县星源工贸有限公司。

◆ **典型机型技术参数**

星光农机股份有限公司生产的9YFL-1.9型自走式打捆机（图1-23）主要技术参数：

名　称	单　位	参　数
作业效率	kg/h	1 100 ～ 1 680
捡拾宽度	mm	1 900
草捆大小（长 × 宽 × 高）	mm × mm × mm	300 ～ 1 200（可调）× 460 × 360
最大作业速度	km/h	6.48

图1-23　9YFL-1.9型自走式打捆机

1.3.2.4　固定式打捆机

固定式打捆机在场地作业，通过输送带或者抓草机将作业对象导入固定式打捆机进行压缩打捆。固定式打捆机具有作业效率高、压缩密度大、不影响轮作作物播种作业等优点。

（1）固定式方捆打捆机

◆ **功能及特点**

通常采用液压方式进行作业，一般由压缩主机、链板式输送机构、压缩打捆机构等构成。成形后的捆包密度高，存储和机械化运输方便，但需要人工捆扎，生产率低，成本高。

◆ **相关生产企业**

江苏兴农环保科技股份有限公司、星光农机股份有限公司、南通棉花机械有限公司。

◆ **典型机型技术参数**

南通棉花机械有限公司生产的MJD系列秸秆打包机（图1-24）主要技术参数：

名　称	单　位	参　数
装机容量	kW	46
公称压力	t	125
最大压力	t	160
包形尺寸（长×宽×高）	mm×mm×mm	1 700×1 800×1 250
承包重量	kg	400～600（秸秆） 800～1 000（甘蔗叶、梢）
工作效率	包/h	12～14
输送角度	°	30（链板输送）
绳子拉力	kg	100
主机尺寸（长×宽×高）	mm×mm×mm	15 000×17 500×5 000

图1-24　MJD系列秸秆打包机

（2）固定式圆捆打捆机

◆ 功能及特点

固定式圆捆打捆机包括进料口、输送装置、拨料装置、压缩打捆装置，一般还有包膜装置。

◆ 相关生产企业

芬兰安格尼克公司（AGRONIC）、上海世达尔现代农机有限公司、山东五征集团、内蒙古华农机械有限公司、甘肃机械科学研究院有限公司。

◆ 典型机型技术参数

甘肃机械科学研究院有限公司生产的9YY-30-01青贮饲料圆捆打捆机（图1-25）主要技术参数：

名　称	单　位	参　数
生产效率	捆/h	30
配套动力	kW	≥ 30
青贮包规格	mm × mm	Φ1 000 × 850
青贮包重量	kg	500（玉米）
整机重量	kg	2 750
外形尺寸（长 × 宽 × 高）	mm × mm × mm	6 000 × 1 900 × 2 400

图1-25　9YY-30-01 青贮饲料圆捆打捆机

1.3.2.5　配套式打捆机

◆ **功能及特点**

配套式打捆机不自带动力，通常与稻麦联合收割机、玉米穗茎兼收一体机配合，安装在秸秆出草口处，实现果实收获的同时，秸秆完成不落地收获，洁净度高，有利于后期的农作物秸秆储存、处理及综合利用，避免作业装备二次下地。

◆ **相关生产企业**

安阳市豫工农业机械有限公司、河南中旗农机科技有限公司、石家庄市中州机械制造有限公司、新乡市花溪科技股份有限公司、山东国丰机械有限公司。

◆ **典型机型技术参数**

安阳市豫工农业机械有限公司生产的4PLY3045-B秸秆打捆机（图1-26）主要技术参数：

名　称	单　位	参　数
外形尺寸（长 × 宽 × 高）	mm × mm × mm	2 800 × 850 × 1 400
整机质量	kg	600
配套动力	kW	4 ～ 8
秸秆捆截面尺寸	mm	300 × 400/450

（续）

名　称	单　位	参　数
秸秆捆长度	mm	300 ～ 1 200
主活塞运行频率	次/min	80 ～ 100
减速机输入转速	r/min	700 ～ 830

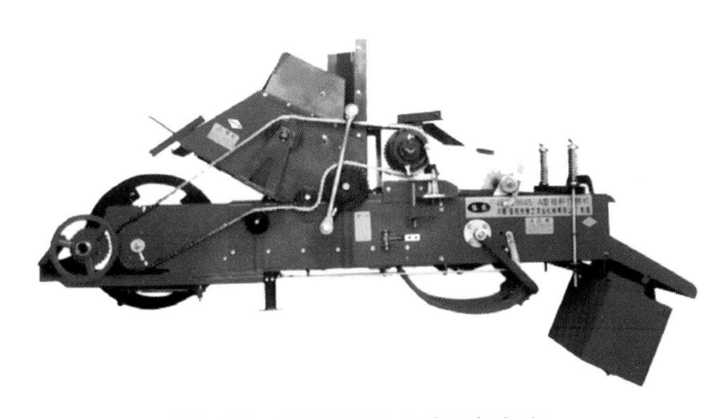

图1-26　4PLY3045-B秸秆打捆机

新乡市花溪科技股份有限公司生产的花溪玉田4ZD-236型收获打捆机（图1-27）主要技术参数：

名　称	单　位	参　数
整机质量	kg	5 260
喂入量	kg/s	2.8
生产效率	hm^2/h	0.33 ～ 0.53
草捆长度	mm	300 ～ 1 000
草捆截面尺寸（宽 × 高）	mm × mm	430 × 300
捡拾宽度	mm	2 360

图1-27　花溪玉田4ZD-236型收获打捆机

山东国丰机械有限公司生产的4YK-4型穗茎兼收秸秆打捆式玉米收获机（图1-28）主要技术参数：

名　称	单　位	参　数
外形尺寸（长×宽×高）	mm×mm×mm	7 500×2 750×3 760
整机质量	kg	9 930
工作行数	行	4
适用行距范围	mm	550 ~ 650
工作幅宽	mm	2 600
理论作业速度	km/h	1.84 ~ 4.42
作业效率	hm^2/h	0.20 ~ 0.33
草捆长度	mm	400 ~ 800
压捆室截面尺寸（宽×高）	mm×mm	300×450

图1-28　4YK-4型穗茎兼收秸秆打捆式玉米收获机

1.3.2.6　打捆包膜一体机

◆ **功能及特点**

通常由圆捆打捆机和与之配套的包膜机构成，可一次性完成牧草或秸秆的收集、打捆和包膜工作。

◆ **相关生产企业**

山东润源实业有限公司、呼伦贝尔市蒙拓农机科技股份有限公司、法国库恩公司（KUHN）、德国科罗尼公司（KRONE）、德国克拉斯农机公司（CLAAS KGaA mbH）。

◆ **典型机型技术参数**

德国克拉斯农机公司生产的CLAAS（科乐收）ROLLANT系列圆捆缠膜机（图1-29）主要技术参数：

名 称	单 位	参 数
捡拾宽度	mm	2 100
压辊数量	个	16
圆捆直径	mm	1 250 ~ 1 350
作物喂入	—	CUT HD ROTO
切刀数量	个	25（12，13，25）

图1-29 CLAAS（科乐收）ROLLANT系列圆捆缠膜机

1.3.3 散草离田装备

◆ **功能及特点**

散草捡拾是打捆收获外的另一种机械收获方式。与打捆收获相比，散草捡拾所需装备、人力少，具有捡拾集箱速度快、卸料快的优点，一般适用于近距离秸秆的收集运输。散草捡拾可以实现秸秆的快速离田，且可在捡拾集箱的过程中完成对秸秆的清杂、粉碎等，最小理论切碎长度可达4cm左右，收集后的秸秆可直接饲喂或青贮，也可将秸秆运输至中转点打包运输或储藏。散草捡拾装备（散草捡拾拖车）主要包括捡拾系统、强制喂入粉碎系统、卸料系统等。

尽管国内起步较晚，散草捡拾收获在国外已经发展到一定的规模，有较成熟的技术和一套散草捡拾、运用体系。如德国克罗尼的AX、ZX系列液压马达驱动散草捡拾拖车（青贮饲料拖车），已经形成模块化、标准化部件任意组合的生产、使用体系，可选配液压马达驱动的不同后部卸料装置、可加装固定钢板延伸挡板（防溢）或可折叠的延伸挡板。该系列拖车集成了智能控制的液压驱动型自磨刀系统，既可无拆卸工具轻松地更换刀片，又可方便快捷地对刀片打磨与维护。德国的另一家大型企业克拉斯（CLAAS）生产的GARGOS 9000/8000系列草料装载车，配备先进的抛物线液压悬挂系统，并可选配后从动轴和电子液压强制转型系统，具有独特的强大双刀装载和切割组件、可升降式刮板刀、模块化底架。瑞士施特劳曼公司研制的Giga-Vitesse系列青贮饲料拖车，采用“CFS喂入滚筒”提高物料的喂入填充效率，每立方米可增重10%；安装在捡拾器和喂入转子中间的加速滚筒可平衡转子的给料和切割，极大降低已装载的物料到车厢内所需动力；粉碎刀片配有双面锯齿状的边缘和刀具保护系统，降低了维护成本；其底盘采用三轴联动的液压轴补偿分配技术，可将载荷非常均衡地分配到6个车轮，将车辆的最大载重量提升到31t。奥地博田生产的Europrofi Combiline 系列散草捡拾拖车同样采用可选配的不同标准模组，实现捡拾拖车多功能组合。

◆ **相关生产企业**

德国科罗尼（KRONE）公司、德国克拉斯（CLAAS）农机公司、瑞士施特劳曼公司、奥地博田农业机械制造有限公司、哈尔滨万客特种车辆有限公司。

◆ **典型机型技术参数**

哈尔滨万客特种车辆有限公司生产的HWJS-40秸秆捡拾车（图1-30）主要技术参数：

名　称	单　位	参　数
结构形式	—	牵引式
配套动力	kW	≥88
工作幅宽	mm	2 050
工作效率	hm^2/h	3.33 ～ 4.67
整机重量	kg	4 400
轮距	mm	2 050
容积	m^3	40
外形尺寸	mm × mm × mm	9 500 × 2 440 × 3 500
箱体尺寸	mm × mm × mm	8 400 × 2 440 × 3 500
卸料方式	—	链式液压驱动自卸

图1-30　HWJS-40秸秆捡拾车

德国科罗尼公司生产的KRONE AX250青贮饲料拖车（图1-31）主要技术参数：

名　称	单　位	参　数
结构形式	—	牵引式
配套动力	kW	≥60
工作幅宽	mm	1 800
切割转子直径	mm	760
理论切碎长度	mm	37
刀片数量	个	32（可调）
工作效率	hm^2/h	3.33 ~ 4.67
整机重量	kg	1 280
PTO	r/min	540
容积（DIN）	m^3	25
卸料方式	—	链式液压驱动自卸

图1-31　KRONE AX250青贮饲料拖车

1.4　集捆、堆垛装备

集捆、堆垛装备是将成型的草捆进行收集、运输和堆垛的设备，完成草捆从装车到运送至贮草点的作业环节。集捆、堆垛装备通常有两种，一种是集草捆收集、码放、运输、堆垛等功能于一体的自动捡拾码垛机，一种是将各种功能分开的专项装备。

1.4.1　自动捡拾码垛机

自动捡拾码垛机是将成型后散落于田间的草捆捡拾、集捆、运输、堆垛的一种一体化装备，一次性下地即可实现草捆的转运，效率高，但体积大，车身长，调头转弯不方便，适合于大面积田块或大型农场等。

1.4.1.1 方捆自动捡拾码垛机

◆ **功能及特点**

通过草捆捡拾、转向、翻转等实现方草捆的自动装车码放，码放完成后可在固定地点实现整体整齐卸料，最终实现方草捆从田间转运到堆放场地。

◆ **相关生产企业**

西班牙阿科森（Arcusin）公司、美国凯斯纽荷兰公司（CNH）、航天新长征电动汽车技术有限公司。

◆ **典型机型技术参数**

西班牙阿科森公司生产的Arcusin Autostack XP54T草捆捡拾车（图1-32）主要技术参数：

名　称	单　位	参　数
车身重量	kg	6 380
最大载荷量	kg	16 000
A	mm	7 325
B	mm	10 025
C（最高堆放高度）	mm	5 400
D	mm	6 400
E	mm	1 100

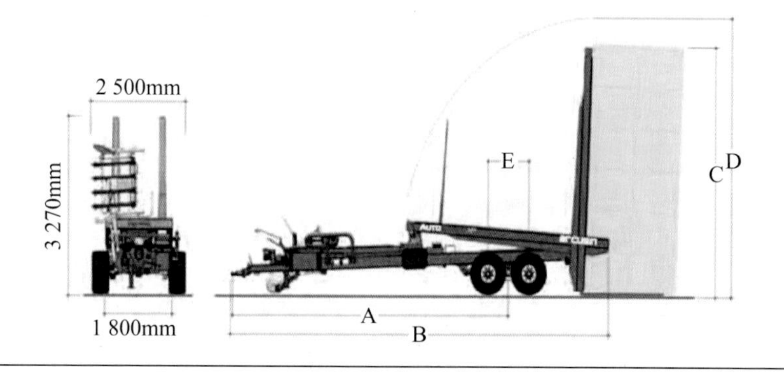

图1-32　Arcusin Autostack XP54T草捆捡拾车

美国凯斯纽荷兰公司（CNH）生产的1037草捆捡拾车（图1-33）主要技术参数：

名　称	单　位	参　数
配套拖拉机最小功率	kW	37
最大料捆负载	kg	4 853
草捆尺寸	mm × mm	360×460，410×460
草捆长度	mm	870 ～ 1 070
装载数量	捆	105
整机重量	kg	2 445
整机长度	mm	7 770
整机高度	mm	3 630
草捆堆垛高度	mm	3 200
草捆堆垛方式	—	7层，每层15（3×5）捆
最大工作坡度	°	10

图1-33　纽荷兰1037草捆捡拾车

1.4.1.2　圆捆自动捡拾码垛机

◆ **功能及特点**

圆捆收集车主要针对大圆捆的收集和运输，可实现捡拾、码放、运输、卸料等功能，但不能完成码垛作业，还需要机械夹包码垛。

◆ **相关生产企业**

哈尔滨万客特种车设备有限公司、北京轩禾农业机械科技有限公司。

◆ **典型机型技术参数**

哈尔滨万客特种车设备有限公司生产的草捆捡拾拖车（图1-34）主要技术参数：

名　称	单　位	参　数
整车长度	mm	8 400
整车宽度	mm	2 900
整车高度	mm	3 100
车架平台	mm × mm	7 000 × 2 130
自重	kg	2 300
载重量	kg	5 000
配套动力	kW	≥ 96

图1-34　草捆捡拾拖车

1.4.2　集捆装备

1.4.2.1　机械化捡拾+人工集捆装备

◆ **功能及特点**

主要针对小方捆，一般不自带动力，需要配合草捆运输车使用。通常流程为草捆拾取、提升输送等，装载量大，但需要人工码放草捆，完成集捆工作。

◆ **相关生产企业**

内蒙古华德牧草机械有限责任公司、山东祥瑞重工机械有限公司。

◆ **典型机型技术参数**

内蒙古华德牧草机械有限责任公司生产的9JK-2.7小方草捆捡拾车（图1-35）主要技术参数：

名　称	单　位	参　数
总宽	mm	1 460
总高（运输位置）	mm	2 795
总长	mm	3 104
升运器宽度	mm	547
升运器平台高度	mm	2 700

图1-35　9JK-2.7小方草捆捡拾车

1.4.2.2　机械化“收集+集捆”装备

◆ **功能及特点**

本类型装备将成型后的草捆整齐收集，通过抓草机或者集垛机将整齐码放的草捆转移至运输车。

◆ **相关生产企业**

西班牙阿科森（Arcusin）公司、美国联合系统公司（Allied Systems Company）、内蒙古华德牧草机械有限责任公司。

◆ **典型机型技术参数**

西班牙阿科森公司生产的Arcusin Multipack C14草捆捡拾车（图1-36）主要技术参数：

名　称	单　位	参　数
拉杆重量	kg	600
车身自重	kg	2 982
A	mm	3 680
B	mm	4 580
C	mm	3 480

名　称	单　位	参　数
D	mm	2 460
E	mm	2 100

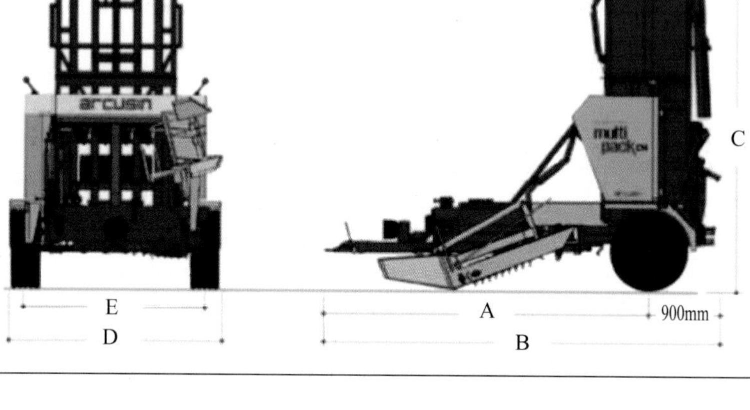

图1-36　Arcusin Multipack C14草捆捡拾车

美国联合系统公司（Allied Systems Company）生产的自由人7000型牵引式草捆捡拾车（图1-37）主要技术参数：

名　称	单　位	参　数
整机尺寸（长×宽×高）	mm×mm×mm	6 888×4 145×3 962
车身自重	kg	4 627
动力需求	kW	36.75
堆垛尺寸（长×宽×高）	mm×mm×mm	2 440×2 440×2 840
捆包装载数量	个	56 ～ 74

图1-37 自由人7000型牵引式草捆捡拾车

内蒙古华德牧草机械有限责任公司生产的9LCK-15型方草捆收集车（图1-38）主要技术参数：

名　称	单　位	参　数
整机尺寸（长×宽×高）	mm×mm×mm	5 940×3 260×1 260
整机质量	kg	1 150
配套动力	kW	≥47
草捆尺寸（长×宽×高）	mm×mm×mm	900×460×360
捆包装载数量	个	56～74

图1-38 9LCK-15型方草捆收集车

1.4.2.3 打捆+人工码放联合作业装备

◆ **功能及特点**

该装备主要采用打捆装置与集捆装置联合作业，或采用打捆机输送通道+人工码捆+运输车的模式，或采用打捆机+人工码放+田头卸草的模式。优点是成本低，作业效率高，缺点是费人工。

◆ **相关生产企业**

弗驰瑞特（青岛）农业机械有限公司、星光农机股份有限公司、中联重科股份有限公司、南通棉花机械有限公司。

◆ **典型机型技术参数**

弗驰瑞特（青岛）农业机械有限公司生产的K868带输送通道的高密度打捆机（图1-39）主要技术参数：

名　称	单　位	参　数
重量	kg	2 450
工作状态长度	mm	6 000
运输状态宽度	mm	2 990
工作状态高度	mm	1 650
运输状态高度	mm	1 650
捡拾宽度	mm	2 350
功率	kW	51.5
打捆室尺寸（长×宽×高）	mm×mm×mm	（400～1 200）×500×400

图1-39　K868带输送通道的高密度打捆机

南通棉花机械有限公司生产的MJDZ190履带自走式秸秆捡拾打捆机（图1-40）主要技术参数：

名　称	单　位	参　数
发动机功率	kW	48
工作状态外形尺寸（长 × 宽 × 高）	mm × mm × mm	4 700 × 2 700 × 2 570
整机重量	kg	3 500
捡拾宽度	mm	1 900
作业速度	km/h	≤ 5.34
作业效率	hm^2/h	0.3 ～ 0.7
草捆尺寸（长 × 宽 × 高）	mm × mm × mm	（400 ～ 1 000） × 460 × 360
集捆数量	包	40

图1-40　MJDZ190履带自走式秸秆捡拾打捆机

1.5　集束打捆装备

集束打捆装备最初主要指收割粮食作物并自动将其捆成一定大小捆束的收获机械，后作业对象逐渐扩展至需要集束打捆的农作物。集束打捆装备主要分两种：一种是与半喂入谷物联合收割机配套的集束打捆机，另一种是采用手扶自走式底盘的割捆机。

1.5.1　半喂入谷物收割机配套集束打捆机

◆ 功能及特点

半喂入谷物收割机配套的集束打捆机挂接在出草口位置，可以将脱粒完的作物秸秆捆扎并抛出，与圆捆机或方捆机相比，能够实现整草的收集并保持秸秆的有序性，扩大了后续利用途径。

◆ **相关生产企业**

潍坊圣川机械有限公司、久保田株式会社、洋马农机株式会社、大岛农机株式会社。

◆ **典型机型技术参数**

潍坊圣川机械有限公司生产的BK-1500成捆机（图1-41）主要技术参数：

名　称	单　位	参　数
外形尺寸（长×宽×高）	mm×mm×mm	1 500×1 100×1 000
整机重量	kg	170
捆扎高度	mm	240～340
草捆直径	mm	220～260
捆绳拉力	kg	≥40
成捆率	%	≥95

图1-41　BK-1500成捆机

1.5.2　手扶式割捆机

◆ **功能及特点**

利用手扶自走式底盘，结合收割与捆扎装置，转变成一款切割并进行捆扎作物的机器，可以将收割后的作物向一侧输送，然后捆扎成小捆排出。该机可用于收割小麦、稻子、芝麻、薰衣草、芦苇等。

◆ **相关生产企业**

潍坊圣川机械有限公司、威海佳润农业机械有限公司、浙江挺能胜机械有限公司、必圣士（常州）农业机械制造有限公司、久保田株式会社。

◆ **典型机型技术参数**

久保田株式会社生产的RJN55割捆机（图1-42）主要技术参数：

名　　称	单　　位	参　　数
机体尺寸（长 × 宽 × 高）	mm × mm × mm	1 770 × 795 × 1 070
机体重量	kg	145
收割条数	条	2
割幅	mm	500
留茬高度	mm	40 ～ 60
束的大小调节阶梯数	段	4
适应作物	—	稻/麦
适应作物株高	mm	550 ～ 1 200

图1-42　RJN55割捆机

浙江挺能胜机械有限公司生产的TNS-140-BINDER系列割捆机（图1-43）主要技术参数：

名　　称	单　　位	参　　数
机体尺寸（长 × 宽 × 高）	mm × mm × mm	3 700 × 1 950 × 1 200
重量	kg	500
割宽	mm	1 400
打捆宽度	mm	一般值：200，最大值：400
离地距离	mm	一般值：80 ～ 100，最小：20 ～ 30
工作效率	hm^2/h	1 ～ 1.3
配置动力	kW	8.82

图1-43　TNS-140-BINDER系列割捆机

威海佳润农业机械有限公司生产的4GK-100型稻麦割捆机（图1-44）主要技术参数：

名　称	单　位	参　数
机体尺寸（长×宽×高）	mm×mm×mm	800×1 450×1 200
配套动力	kW	5.9～8.8
主轴转速	r/min	900
工作幅宽	mm	1 000
割茬高度	mm	80
作业速度	km/h	≥1
机器重量	kg	240
草捆直径	mm	200～300
成捆率	%	≥95
作业效率	hm^2/h	≥0.1
单位燃油消耗量	kg/hm^2	≤7.5

图1-44　4GK-100型稻麦割捆机

潍坊圣川机械有限公司生产的4K-90割捆机（图1-45）主要技术参数：

名　称	单　位	参　数
结构形式	—	手扶自走式
外形尺寸（长×宽×高）	mm×mm×mm	2 050×950×1 050
整机净重量	kg	240
标定功率	kW	4.05
额定转速	r/min	1 800
割茬高度	mm	80 ~ 150
草捆直径	mm	≥100
捆扎高度	mm	290
工作行数	行	4
作业宽幅	mm	900
作业速度	km/h	1.4 ~ 3.8
作业效率	hm^2/h	0.1 ~ 0.15

图1-45　4K-90割捆机

1.6　移动式压缩成型装备

移动式压缩成型装备通常相对于固定式压缩成型装备而言，指采用动力机械牵引或自行式底盘，能够快速转移作业场所的成型燃料加工设备。

◆ **功能及特点**

由动力机械牵引（采用外接动力或由自带柴油机提供动力），通过人工上料或自动上料，完成秸秆或牧草的捡拾、破碎和压缩成型等工序。与固定式压缩成型装备相比，移动式压缩成型装备无须匹配电源，动力通常由拖拉机提供，对作业场所要求不高，灵活性强，在田间地头就能一次性收获成型燃料，大大降低了原料的运输和存储成本，缩短了加工周期。

◆ **相关生产企业**

海安匙鸣机械制造有限公司、德国科罗尼（KRONE）公司、奥地利JOSEF SCHAIDER PRIVATSTIFTUNG公司。

◆ **典型机型技术参数**

海安匙鸣机械制造有限公司生产的9SM-YJ-3000移动式秸秆固化设备（图1-46）主要技术参数：

名　称	单　位	参　数
型号	—	9SM-YJ-3 000
生产率	kg/h	800 ～ 2 000
配套拖拉机动力	kW	⩾ 73.5

图1-46　9SM-YJ-3000移动式秸秆固化设备

德国科罗尼（KRONE）公司生产的PREMOS 5000 移动式颗粒机（图1-47）主要技术参数：

名　称	单　位	参　数
作物类型	—	干草 / 苜蓿 / 含水率<16%的秸秆
外形尺寸（长 × 宽 × 高）	mm × mm × mm	8 600 × 2 990 × 3 900
捡拾宽度	mm	2 350
重量	kg	1 600
颗粒直径	mm	16

（续）

名　称	单　位	参　数
生产率	kg/h	5 000
配套拖拉机动力	kW	257

图1-47　PREMOS 5000移动式颗粒机

第二章 林木残枝处理装备

2.1　林木残枝粉碎处理设备

◆ **功能及特点**

林木残枝处理的主要方式是进行粉碎，使其达到压块、纸板制作所需要的粒度。木片机是一种常用的林木残枝处理设备，其处理原料主要为小径木、林木采伐剩余物（枝丫、枝条等）和木材加工剩余物（板皮、板条、原木芯、废单板等），也可用来处理麻秆、芦苇、毛竹等原料。木片机主要由机座、刀辊、上下喂料机构、送料装置和液压缓冲系统及电气控制系统所组成。

◆ **相关生产企业**

济南泰昌传动机械有限公司。

◆ **典型机型技术参数**

济南泰昌传动机械有限公司生产的盘式木片机TCPX45-215（图2-1）主要技术参数：

名　称	单　位	参　数
进料口尺寸	mm	160×40
配套动力	kW	49

（续）

名　　称	单　　位	参　　数
外形尺寸（长 × 宽 × 高）	mm × mm × mm	1 470 × 1 550 × 970
重量	kg	320

图 2-1　盘式木片机 TCPX45-215

2.2　废弃木材处理设备

◆ **功能及特点**

木托盘粉碎机是一种专门用于处理木托盘、建筑模板、废弃木材、废旧竹木板材等废弃物的粉碎设备，具有维护简单、自动化程度高的特点。

◆ **相关生产企业**

章丘宇龙机械有限公司。

◆ **典型机型技术参数**

章丘宇龙机械有限公司生产的 TPS40 × 120 托盘粉碎机（图 2-2）主要技术参数：

名　　称	单　　位	参　　数
生产率	t/h	1.5 ～ 2.5
进料口尺寸	mm × mm	580 × 600
主轴转速	r/min	1 470
配套动力	kW	55
外形尺寸（长 × 宽 × 高）	mm × mm × mm	1 470 × 1 550 × 970

图2-2 TPS40×120托盘粉碎机

2.3 旋切机

◆ **功能及特点**

旋切机喂料口具有不同的规格，其直径在1.5 ~ 3m之间，成堆的物料（如林木残枝、稻麦秸秆等）或捆状物料（如秸秆、饲草捆包）可直接喂入。该设备集切碎、粉碎于一体，其主要粉碎部件粉碎转子是由圆盘状切刀和粉碎锤片组成，可根据物料的不同更换相应的锤片结构。可一次性喂入大量物料，物料持续粉碎并喷出，粉碎效率高，人工劳动强度低。

◆ **相关生产企业**

章丘宇龙机械有限公司、济南泰昌传动机械有限公司、上海春谷机械制造有限公司。

◆ **典型机型技术参数**

章丘宇龙机械有限公司生产的XQJ250旋切机（图2-3）主要技术参数：

名　称	单　位	参　数
生产效率	t/h	2 ~ 3
进料口尺寸	mm	2 500
转子直径	mm	700
盘状切刀数量	块	6
锤片数量	个	18
侧刀	块	1
定刀	块	4/5
主轴转速	r/min	1 800
配套动力	kW	115

图2-3　XQJ250旋切机

2.4　林木残枝修剪设备

2.4.1　高枝锯

◆ **功能及特点**

高枝锯又名割草机、割灌机，是园林绿化、果园修枝常用的机械之一，可用来割草、切割灌木。

◆ **相关生产企业**

南京市浦口区绿欣园园林机械有限公司、山东华盛中天机械集团股份有限公司、曲阜润丰机械有限公司。

◆ **典型机型技术参数**

山东华盛中天机械集团股份有限公司生产的CG330割灌机（图2-4）主要技术参数：

名　称	单　位	参　数
割刀	—	可更换
动力	—	四冲程发动机
缸径×行程	mm×mm	39×26
排量	mL	38
压缩比	—	8.3 ∶ 1
怠速	r/min	1
燃油	—	90# 以上
启动方式	—	电感+点火，手拉绳式反冲启动

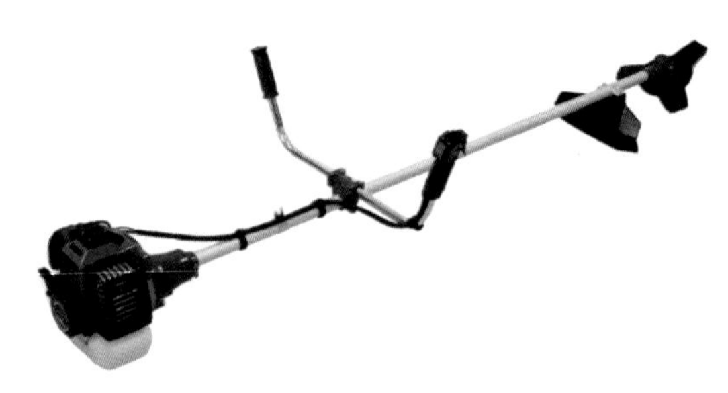

图2-4　CG330割灌机

2.4.2　前置式灌木收割机

◆ **功能及特点**

刀盘外圆采用翻边工艺，抗冲击，不易损坏；刀片采用双刃结构，可以左右互换提高利用率；安装方便，割后呈条状铺放，便于收集；能与各型号单缸小四轮拖拉机配套，可用于牧草、杂草、饲料、柠条等的收割。

◆ **相关生产企业**

高密市益丰机械有限公司。

◆ **典型机型技术参数**

高密市益丰机械有限公司生产的9GXQ-1.40割草机（图2-5）主要技术参数：

名　称	单　位	参　数
配套动力	kW	12.5 ~ 20
割幅宽度	mm	1 400
割茬高度	mm	＜70
作业效率	hm^2/h	0.2 ~ 0.47
重量	kg	210
外形尺寸（长 × 宽 × 高）	mm × mm × mm	1 100 × 1 400 × 900

图2-5　益丰9GXQ-1.40割草机

第三章 残膜回收装备

残膜机械化回收技术是通过机械的方法将破损地膜于苗期或收获后进行收集的一项机械化技术。机械回收残膜可一次性完成多项作业，提高劳动生产率和残膜回收率；减少残膜对土壤结构、作物生长发育造成的不良影响；提高作物单产水平，保护生态环境，增加农民收入。按残膜回收时间，国内残膜回收机分为苗期残膜回收机、收获后残膜回收机和播前残膜回收机等类型。根据收膜深度不同，可分为表层残膜回收机和耕层残膜回收机。根据捡拾机构不同可分为伸缩杆齿式残膜回收机、耙齿式残膜回收机、铲式起茬收膜机、齿链式残膜回收机、轮齿式残膜回收机等。

3.1 伸缩杆齿式残膜回收机

◆ **功能及特点**

伸缩杆齿式残膜回收机的主要工作部件为滚筒和弹齿，弹齿具有伸缩功能，沿滚筒圆周方向呈放射状均布，每组又沿轴向直线均匀分布。滚筒起到限深、牵引膜和脱膜的作用，表面的孔还起到弹齿导轨的作用。工作时，由动力输出轴驱动捡膜滚筒及其内部的偏心机构带动弹齿沿滚筒表面的孔作伸缩往复运动，从而实现捡膜、运膜和脱膜的功能。

伸缩杆齿式残膜回收机具有作业效率高，工作阻力小，对残膜的破损小，捡拾率高，缠膜率低，不易堵塞等优点。但该机型结构复杂，造价偏高，不适于表面覆土太多太厚，杂草、残茬较多，土壤坚实度大、含水率高的场合。

◆ **相关生产企业**

新疆农业科学院农业工程公司、庆阳市前进机械制造公司。

◆ **典型机型技术参数**

新疆农业科学院农业工程公司生产的4JSM-2.1棉秸秆粉碎还田及残膜回收联合作业机（图3-1）主要技术参数：

名　称	单　位	参　数
工作幅宽	mm	2 100
外形尺寸（长×宽×高）	mm×mm×mm	4 500×3 050×2 200
配套动力	kW	66 ～ 88
残膜拾净率	%	87
割茬高度合格率（≤12cm）	%	96
作业速度	km/h	6.5

图3-1　4JSM-2.1棉秸秆粉碎还田及残膜回收联合作业机

庆阳市前进机械制造公司生产的IFMJ-1400型残膜回收机（图3-2）主要技术参数：

名　称	单　位	参　数
外形尺寸（长×宽×高）	mm×mm×mm	1 225×1 410×775
整机重量	kg	170
作业效率	hm^2/h	0.2 ～ 0.33
起膜宽度	mm	1 000
起膜深度	mm	200 ～ 300
残膜拾净率	%	＞85
配套动力	kW	18.3 ～ 29.4

（续）

名　称	单　位	参　数
挂接形式	—	三点液压悬挂
作业速度	m/s	0.8 ～ 1.2
操作人数	人	1

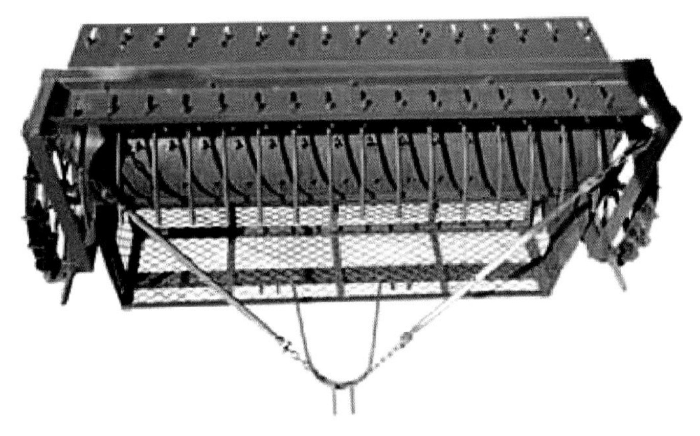

图3-2　IFMJ-1400型残膜回收机

3.2　耙齿式残膜回收机

◆ **功能及特点**

耙齿式残膜回收机一般由机架、动力传动机构、起膜机构、捡膜机构等各部分组成。其主要工作部件是一组位于同一平面上的耙齿。工作时，残膜被耙搂集一起，经人工或脱膜机构将膜脱出。此种类型的残膜回收机优点是结构简单、成本低廉、易于操作，缺点是效率较低、排堵频率高、容易撕膜，无法实现残膜与杂草的分离。故适用于地表面残茬、杂草较少，土壤坚实度低且平作或小垄种植作物的残膜捡拾。

◆ **相关生产企业**

新疆科神农业装备科技开发股份有限公司、石河子市鑫昌盛农机有限公司。

◆ **典型机型技术参数**

新疆科神农业装备科技开发股份有限公司生产的4MC-4400型立杆弹齿式残膜回收机（图3-3）主要技术参数：

名　称	单　位	参　数
外形尺寸（长×宽×高）	mm×mm×mm	4 545×1 612×870
配套动力	kW	40 ～ 52
工作幅宽	mm	4 500
工作深度	mm	200 ～ 300

（续）

名　称	单　位	参　数
连接方式	—	全悬挂
排膜方式	—	液压自卸
离地间隙	mm	300

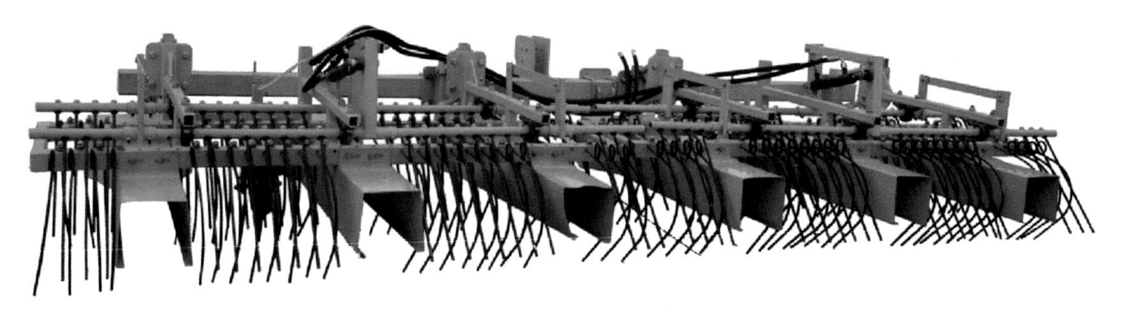

图3-3　4MC-4400型立杆弹齿式残膜回收机

3.3　铲式起茬收膜机

◆ **功能及特点**

铲式起茬收膜机主要工作部件包括起膜铲、输送带和滚筒。铲式起茬收膜机在起茬的同时将残膜一起铲起，经输送带送入旋转滚筒或振动筛进行土茬分离。该机结构简单，工作可靠，收净率高，但其对土壤的性状要求较高，且收起的残膜与作物的根茬混合在一起，会给残膜的再生利用带来困难。

◆ **相关生产企业**

河北神耕机械有限公司、宁夏新大众机械有限公司。

◆ **典型机型技术参数**

河北神耕机械有限公司生产的神耕1CM-70残膜回收机（图3-4）主要技术参数：

名　称	单　位	参　数
残膜回收率	%	≥90
配套动力	kW	22 ~ 29
行进速度	km/h	3 ~ 5
作业效率	hm^2/h	3 ~ 5

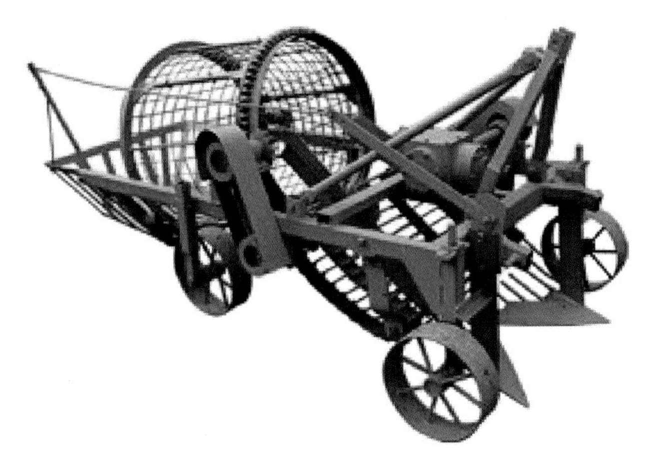

图 3-4　神耕 1CM-70 残膜回收机

宁夏新大众机械有限公司生产的夏升 1FMJF-Q120 风力除杂式残膜回收机（图3-5）主要技术参数：

名　称	单　位	参　数
配套动力	kW	29.4 ～ 51.5
外形尺寸（长 × 宽 × 高）	mm × mm × mm	2 900 × 1 370 × 1 600
整机重量	kg	417
工作幅宽	mm	1 200
作业速度	km/h	3 ～ 5
作业效率	hm^2/h	0.27 ～ 0.33
作业深度	mm	50 ～ 200

图 3-5　夏升 1FMJF-Q120 风力除杂式残膜回收机

3.4 链齿式残膜回收机

◆ **功能及特点**

链齿式残膜回收机主要工作部件包括链齿弹齿、控制滑道和膜箱及托膜齿。其结构简单、紧凑，既可用于苗期收膜，也可用于秋后收膜。该机结构的最大特点是由于可以向纵向设置，前置安装有利于整地复式作业。该机作业效率高，能耗小，在作业速度为5～5.5km/h时，残膜回收率大于90%。后置链齿耙式残膜回收装置可将残膜自下而上成片揭起，残膜破碎小，收起的残膜含杂少，大容积残膜箱可减少卸膜次数，提高作业效率，回收后的残膜便于集中堆放。

◆ **相关生产企业**

新疆科神农业装备科技开发股份有限公司、阿瓦提县新春晓农机具有限公司。

◆ **典型机型技术参数**

新疆科神农业装备科技开发股份有限公司生产的残膜回收与秸秆还田联合作业机（图3-6）主要技术参数：

名　称	单　位	参　数
外形尺寸（长×宽×高）	mm×mm×mm	6 400×2 750×3 000
整机重量	kg	4 200
作业幅宽	mm	2 000
作业速度	km/h	4～6
适用马力	kW	80.85～95.55
作业方式	—	联合作业
工作部件配置	—	卧式秸秆粉碎装置+链耙式残膜捡拾机构
连接方式	—	牵引式
排膜方式	—	液压自卸

图3-6　残膜回收与秸秆还田联合作业机

阿瓦提县新春晓农机具有限公司生产的春晓残膜回收机（图3-7）主要技术参数：

名　称	单　位	参　数
外形尺寸（长 × 宽 × 高）	mm × mm × mm	4 300 × （2 300/3 100） × 1 800
配套动力	kW	30 ～ 60
作业幅宽	mm	1 400/2 000
整机重量	kg	2 000（1.4m）/2 870（2.0m）
作业速度	km/h	（1.4m ≥） 5 ～ 8/（2.0m ≥） 8 ～ 10

图3-7　春晓残膜回收机

第四章 粪污收集转运设备

4.1 集粪装备

收集是粪污处理的关键环节，主要通过人工或者机械装备将圈舍内的粪污及时清理出圈舍。目前规模化养殖的粪污收集已基本实现机械化，部分已实现自动化，其集粪装备主要有刮板式清粪设备、清粪机器人、输送带式清粪设备、自走式铲粪设备和自走式收粪设备。

4.1.1 刮板式清粪设备

◆ **功能及特点**

该设备主要应用于养牛场和养猪场，相对比较成熟，可用于地面槽道清粪，也可用于缝隙地板下面的暗沟清粪，目前已实现自动化作业。刮板式清粪机主要由电动机、减速器、绳轮、牵引绳、转角滑轮、刮粪板及自动控制系统组成，根据刮粪板形状可分为一字型、V型和H深槽型。工作时，电动机正转，驱动绞盘带动牵引绳正向运动，拉动刮板进行清粪工作。刮板正向运动过程中清除粪便，并将粪便刮进横向粪沟，当刮板运行至终点，触动行程倒序开关使电动机反转，带动牵引绳反向运动，拉动刮板进行空行程返回，到终点电动机又继续正转，同时，另一刮板也在进行反向清粪工作。

◆ **相关生产企业**

北京合宝科技有限公司、北京京鹏环宇畜牧科技有限公司、北京修刚畜牧科技有限公

司、山东大佳机械有限公司、江西增鑫牧业科技股份有限公司、四方力欧畜牧科技有限公司、泰邦农牧科技有限公司、西安庆安畜牧设备有限公司、宜兴大鸿畜牧设备制造有限公司、加拿大DAIRY LANE SYSTEMS LTD、印度BAKHSISH公司。

◆ **典型机型技术参数**

北京合宝科技有限公司生产的一字型自动清粪机（图4-1）主要技术参数：

名　称	单　位	参　数
减速机品牌	—	德国SEW
电机功率	kW	2.2
输出转速	r/min	5.6
转角轮尺寸（直径×厚度）	mm×mm	280×70
链条规格（链径×节距）	mm	13×39
链条重量	kg/m	3.7
刮板高度	mm	200
刮板行走速度	m/min	1～4.5

图4-1　一字型自动清粪机

特点：结构简单，不易损坏，采用智能化清粪系统可以实现手动、自动双向控制，返程时副板向内折叠主板倾倒不刮粪，带有防冻功能，周期性前移一定距离后回位。由于刮粪板高度较低，每次刮粪量不宜过多，因此需要较高的工作频率。

江西增鑫牧业科技股份有限公司生产的H深槽型刮粪机（图4-2）主要技术参数：

名　称	单　位	参　数
电机功率	kW	0.75
粪沟宽度	m	0.5～3.0
刮粪速度	m/min	5
最大输出扭矩	Nm	765
刮净率	%	95

（续）

名　称	单　位	参　数
外形尺寸（长 × 宽 × 高）	mm × mm × mm	150 × 2 000 × 300
总重量	kg	200

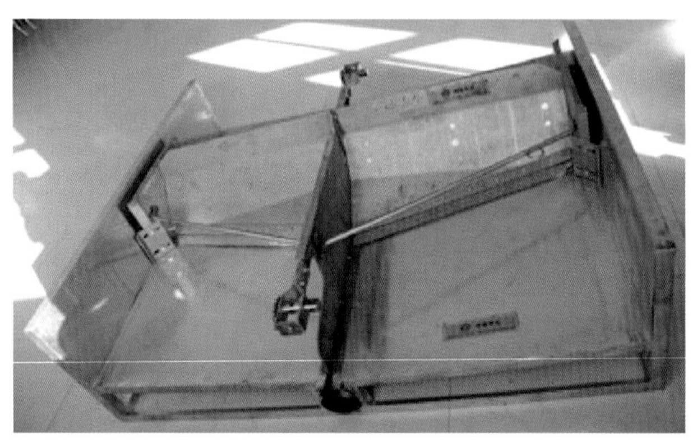

图4-2　H深槽型刮粪机

特点：带自动控制系统，刚性好、强度高，能承载更多粪污，可降低工作频率，有自动断电保护，当承载较大载荷时停止工作，多用于猪场缝隙下粪沟清粪。

加拿大DAIRY LANE SYSTEMS 有限公司生产的V型刮粪板（图4-3）主要技术参数：

名　称	单　位	参　数
动力	kW	2.2
槽深	mm	102 ～ 254
槽宽	cm	185 ～ 518
钢丝绳直径	mm	9.5/13
自动控制系统	—	定时自动刮粪系统
转角轮	mm	400 × 400 × 10

图4-3　V型刮粪板

特点：工作时主板张开，副板展开至槽道两侧定时清粪，返程时主副板折叠空载返程，可降低阻力，减少能耗，同时串联的另一槽道刮粪板开始清粪。

4.1.2　清粪机器人

◆ **功能及特点**

适合规模化养殖牛舍、猪舍槽道内或者散养畜禽场地工作，配置智能化控制系统和遥控系统，机器人按照识别的场地图自动规划行程清除粪污，当碰到障碍物时自动避让重新规划行程。相对固定刮板式清粪机小巧灵便，节约畜舍建设和装备成本，但是由于工作环境恶劣，相对于纯机械设备可靠性不足，易损坏，需要定期清理维护。

◆ **相关生产企业**

德国Jahre Bräuer Stalltechnik公司、德国GEA Group（基伊埃集团）。

◆ **典型机型技术参数**

德国Jahre Bräuer Stalltechnik清粪机器人（图4-4）主要技术参数：

名　称	单　位	参　数
电机功率	kW	0.75
电池容量	Ah	110
电池续航	h	18
工作能力	m^2/d	10 000
净重	kg	460
最大倾角	°	10
刮板宽度	mm	1 250 ～ 2 100
机器高度	mm	660

图4-4　清粪机器人

4.1.3　输送带式清粪设备

◆ **功能及特点**

该设备主要适用于养鸡场，带式清粪机由主动辊、被动辊、托辊和输送带组成。每层鸡笼下面安装一条输送带，上下各层输送带的主动辊可由同一动力带动。鸡粪直接落到输送带上，定期启动输送带，将鸡粪送到鸡笼的一端，由刮板将鸡粪刮下，落入横向螺旋清粪机，再排出舍外。工作时传动噪声小，使用维修方便，生产效率高，动力消耗少，粪便在输送带上搅动次数少，空气污染少，有利于改善鸡的生长环境。但输送带运送清粪对设备的要求高，粪便在输送带易残留，不易清洗。

◆ **相关生产企业**

济宁小可机械有限公司、青州市金环宇农牧机械厂、兴达农牧机械厂、济宁倍立畜牧设备有限公司、河南中州牧业养殖设备有限公司、河南金凤牧业设备有限公司、河南荥阳宏昌养殖设备厂、广州市华南畜牧设备有限公司。

◆ **典型机型技术参数**

济宁小可机械有限公司生产的鸡笼清粪机（图4-5）主要技术参数：

名　称	单　位	参　数
电机功率	kW	2.25
清粪带材料	—	PP，PE
清粪带尺寸	mm	宽：≤1 700；厚：50 ~ 120
使用寿命	年	7 ~ 8

图4-5　鸡笼清粪机

河南荥阳宏昌养殖设备厂生产的带式清粪机（图4-6）主要技术参数：

名　称	单　位	参　数
电机功率	kW	1.5
运转带速	m/min	10 ~ 12
清粪带长度	m	≤100
清粪带厚度	mm	1.2

图4-6　带式清粪机

4.1.4　自走式铲粪设备

◆ **功能及特点**

该类设备可分为手推式小型推粪机和自走式铲粪机（由工程铲车改进），不仅可清理粪槽内粪污，还可清理散养畜禽粪便，清除性高，转移方便，但效率较低，能耗较大。工作时，将铲斗降下贴地或者近地，然后按照规划的路径将粪污铲推至粪沟内。

◆ **相关生产企业**

南京汉源机械科技有限公司、济宁亿鸿机械有限公司、济宁久源机械设备有限公司、山东惠诺机械有限公司、山东茂盛机械制造有限公司、泰安海松机械有限公司、金宏机械有限责任公司、捷克Bob Cat公司、比利时Vegemac公司、Mensch Manufacturing有限责任公司、美国约翰迪尔公司、英国提姆吉普森（Tim Gibson）有限公司。

◆ **典型机型技术参数**

南京汉源机械科技有限公司生产的H50自走式牧场铲粪车（图4-7）主要技术参数：

名　称	单　位	参　数
倾覆载荷	kg	1 500
整机重量	kg	3 005
电压	V	12
斗容	m^3	0.56
额定负荷	kg	750
额定功率	kW	47.78
卸载高度	mm	2 552
总高度	mm	2 008
总宽度	mm	1 801
最高车速	km/h	12

图4-7　H50自走式牧场铲粪车

英国提姆吉普森（Tim Gibson）有限公司生产的手扶式铲粪机（图4-8）主要技术参数：

名　称	单　位	参　数
发动机功率	kW	2.57
铲斗转角	°	90
铲斗宽	m	1.2

图4-8　手扶式铲粪机

Mensch Manufacturing有限责任公司生产的橡胶式铲粪器（图4-9）主要技术参数：

名　称	单　位	参　数
工作幅宽	mm	1 829 ~ 1 108
标准高度	mm	508

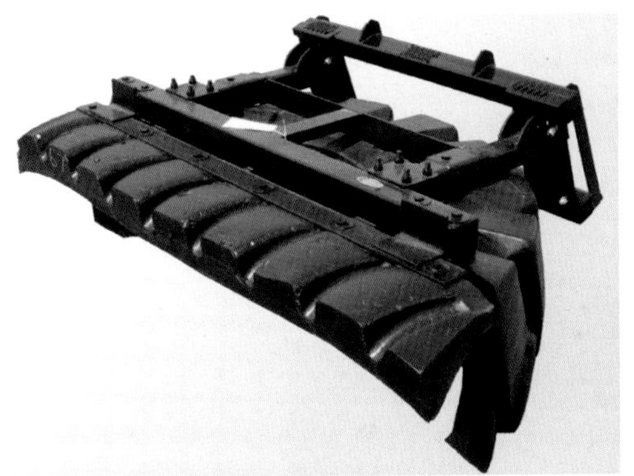

图4-9　橡胶式铲粪器

Mensch Manufacturing有限责任公司生产的宽度可调式铲粪车（图4-10）主要技术参数：

型　号	7000-7	7000-8	5000-7	5000-8	7500
类型	滑轨导向	滑轨导向	三点连接	三点连接	运输装载机
可调范围（cm）	213 ~ 305	244 ~ 427	213 ~ 305	244 ~ 427	244 ~ 427
重量（kg）	530	615	530	510	658

图4-10　宽度可调式铲粪车

美国约翰迪尔公司生产的MS96型方斗铲粪车（图4-11）主要技术参数：

名　称	单　位	参　数
重量	kg	298
铲斗宽度	mm	2 438
铲斗高度	mm	762
铲斗深度	mm	762

图4-11　MS96型方斗铲粪车

4.2　固液分离装备

固液分离即指固体和液体的分离，是畜禽粪污资源化利用的首要环节和关键工序。常见的固液分离方法有四种：沉降、机械分离、蒸发池和絮凝分离。

机械分离设备应用最广泛，大致可分为离心式、压滤式和筛分式三种。根据结构形式，离心式固液分离机包括三足式离心机、卧式刮刀卸料离心机和卧式螺旋卸料离心机；压滤式固液分离机包括带式压滤机、板框压滤机和螺旋挤压固液分离机；筛分式固液分离机包括斜筛和刮板筛等类型。

4.2.1　离心式固液分离机

离心机通过高速旋转，产生强大的离心力，其离心分离系数通常是重力加速度的成百上千倍，在离心力作用下使不同密度的物料分离开。

4.2.1.1　三足式离心机

◆ **功能及特点**

三足式离心机按出料方式又分为上卸料离心机和下卸料离心机两种。因底部支撑为三个柱脚，以等分三角形的方式排列而得名。主要是将液体中的固体分离出去或将固体中的液体分离出去。三足式离心机具有造价低廉、抗震性好、结构简单等优点，但该机型对畜禽粪污进行分离时易出现物料堵塞、分离后干物质含水率较高等不足。

◆ **相关生产企业**

张家港市通江机械有限公司、上海大张过滤设备有限公司、无锡市龙泰化工机械设备有限公司、聊城绿能新能源有限公司、广州富一液体分离技术有限公司。

◆ **典型机型技术参数**

张家港市通江机械有限公司生产的SSB1000三足式上卸料离心机（图4-12）主要技术参数：

名　称	单　位	参　数
电机功率	kW	7.5 ～ 22
外形尺寸（长 × 宽 × 高）	m × m × m	1.7 × 1.7 × 0.925
转鼓直径	m	1
工作容积	L	150
转速	r/min	1 000
分离因数	G	430 ～ 538
装载限重	kg	180

图4-12　SSB1000三足式上卸料离心机

聊城绿能新能源有限公司生产的睿特森CXC-1200固液分离机（图4-13）主要技术参数：

名　称	单　位	参　数
功率	kW	1.5
有效滤网面积	m^2	1
处理效率	m^3/h	10 ～ 13

图4-13　睿特森CXC-1200固液分离机

4.2.1.2 卧式螺旋沉降离心机

◆ **功能及特点**

卧式螺旋沉降离心机工作原理：转鼓与螺旋以一定差速同向高速旋转，物料由进料管连续引入输料螺旋内筒，加速后进入转鼓，在离心力场作用下，较重的固相物沉积在转鼓壁上形成沉渣层，输料螺旋将沉积的固相物连续不断地推至转鼓锥端，经排渣口排出机外。较轻的液相物则形成内层液环，由转鼓大端溢流口连续溢出转鼓，经排液口排出机外。具有适应性好、自动化程度高、操作环境好、可自动冲洗等优点。缺点是投资较大，运行成本偏高。

◆ **相关生产企业**

广州富一机械有限公司、浙江丽水凯达环保设备有限公司、张家港市通江机械有限公司、瑞典阿法拉伐（中国）有限公司、德国福乐伟股份有限公司。

◆ **典型机型技术参数**

广州富一机械有限公司生产的LW 400 × 1800卧螺离心机（图4-14）主要技术参数：

名　称	单　位	参　数
主电机功率	kW	22
辅电机功率	kW	7.5
整机重量	kg	1 000 ～ 12 800
转鼓直径	m	0.4
转速	r/min	2.25 无极调节
分离因数	G	2 587
转鼓长度	m	1.8

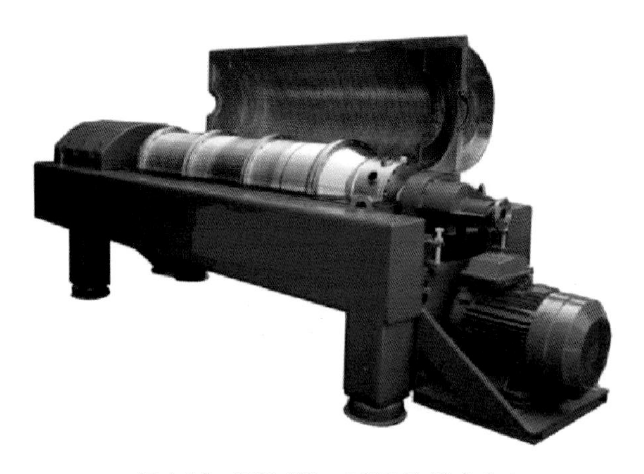

图4-14　LW 400 × 1800卧螺离心机

4.2.2　压滤式固液分离机

压滤机是采用一种特殊的过滤介质，对物料施加一定压力，使液体渗析出来的一种设备。

4.2.2.1　带式压滤机

◆ **功能及特点**

带式压滤机脱水过程分预处理、重力脱水、楔形区预压脱水及压榨脱水四个阶段。带式压滤机处理畜禽粪污时需根据浓度范围选择中低浓度压滤机或高浓度压滤机，具有自动化程度高、连续作业、低转速和低噪音等特点。

◆ **相关生产企业**

扬州瑞德环保科技有限公司、南通华泰环保工程设备有限公司、上海大张过滤设备有限公司等。

◆ **典型机型技术参数**

南通华泰环保工程设备有限公司生产的FDNY1000三滤带浓缩脱水一体机（图4-15）主要技术参数：

名　称	单　位	参　数
电机功率	kW	0.75+1.1
外形尺寸（长×宽×高）	m×m×m	3.75×1.55×1.95
整机重量	kg	3 300
滤带宽度	m	1.1
有效滤带面积	m^2	20.5
泥饼含水率	%	66 ～ 81
运行重量	kg	3 800
清洗水流量	m^3/h	8 ～ 12
分离效率	m^3/h	10 ～ 20

图4-15　FDNY1000三滤带浓缩脱水一体机

4.2.2.2　板框压滤机

◆ **功能及特点**

板框压滤机一般为间歇操作，投资较大，过滤能力较低，但过滤推力大、滤饼含固率高、滤液较为清澈，在一些中小型养殖场及污水处理厂得到广泛应用。

◆ **相关生产企业**

上海朗东过滤设备有限公司、杭州正基过滤设备有限公司、扬州瑞德环保科技有限公司、南通华泰环保工程设备有限公司、河北瑞龙环保设备有限公司、上海大张过滤设备有限公司。

◆ **典型机型技术参数**

上海朗东过滤设备有限公司生产的GZ100/1000-30U板框压滤机（图4-16）主要技术参数：

名　称	单　位	参　数
电机功率	kW	4
外形尺寸（长×宽×高）	m×m×m	6.84×1.52×1.45
整机重量	kg	6 250
过滤压力	MPa	0.8
过滤面积	m^2	100
滤板尺寸	m×m	1×1
滤饼厚度	m	0.03
板框数量	个	28

图4-16　GZ100/1000-30U板框压滤机

4.2.2.3 螺旋挤压固液分离机

◆ **功能及特点**

螺旋挤压固液分离机主要是通过螺旋输送器不断旋转挤压粪污，提高腔体内部压力迫使液体通过筛网渗出，实现固液分离的目的。按照螺旋结构形式可分为连续式螺旋挤压固液分离机和断齿式螺旋挤压固液分离机，因其具有投资少、占地面积小、维修方便等优点而得到广泛应用。

◆ **相关生产企业**

聊城绿能新能源有限公司、江苏兴农环保科技股份有限公司、郑州临旺机械设备有限公司、帕普生装备集团、奥地利BAUER公司、茂源环保科技有限公司。

◆ **典型机型技术参数**

奥地利BAUER公司生产的S655螺旋挤压固液分离机（图4-17）主要技术参数：

名　称	单　位	参　数
电机功率	kW	5.5
外形尺寸（长 × 宽 × 高）	m × m × m	1.97 × 0.8 × 0.87
处理效率	m^3/h	10 ~ 25
干物质含量	%	≤ 30
筛网孔径	mm	0.25，0.5，0.75，1

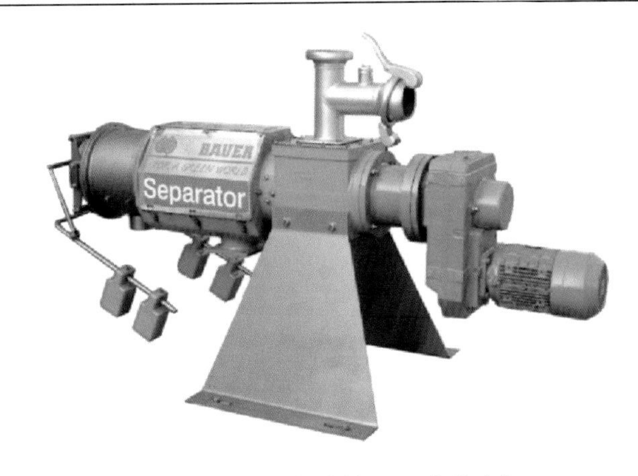

图4-17　S655螺旋挤压固液分离机

聊城绿能新能源有限公司生产的睿特森GLC-280型固液分离机（图4-18）主要技术参数：

名　称	单　位	参　数
主机功率	kW	5.5
泵功率	kW	3
分离效率	m^3/h	2 ~ 4
外形尺寸（长 × 宽 × 高）	m × m × m	2.3 × 0.8 × 1.2

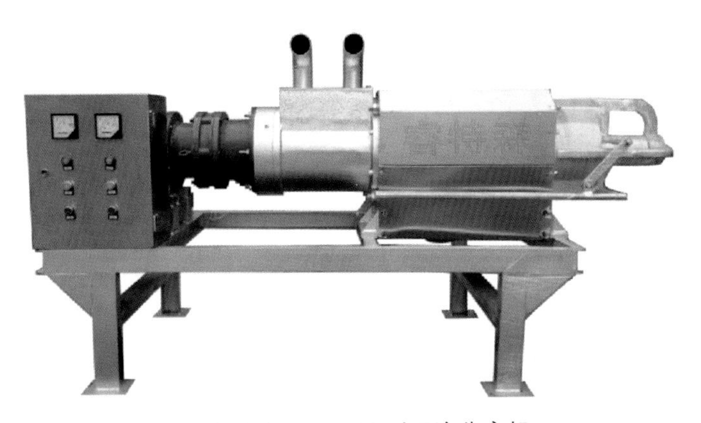

图4-18　睿特森GLC-280型固液分离机

茂源环保科技有限公司生产的N-302叠螺机（图4-19）主要技术参数：

名　称	单　位	参　数
电机功率	kW	0.75 ～ 6
外形尺寸（长 × 宽 × 高）	m × m × m	3.36 × 1.35 × 2
运行重量	kg	1 250 ～ 9 060
分离效率	kg/h	140 ～ 200
清洗用水压	MPa	0.1 ～ 0.2
清洗用水量	L/h	40 ～ 320

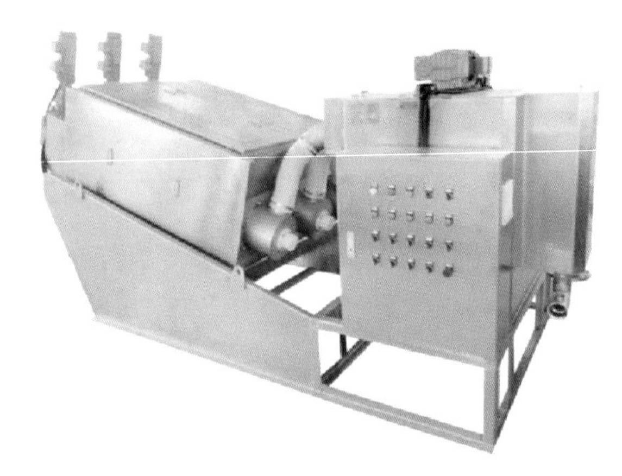

图4-19　N-302叠螺机

4.2.3　筛分式固液分离机

筛分式固液分离机原理是利用重力使粪污经过筛网，液体及小颗粒物质渗过筛网，大颗粒物质被截留在筛网上，进而实现固液分离。

◆ **功能及特点**

斜筛式分离机主要特征是有一个倾斜的不锈钢筛网作为主要工作部件，且斜筛可振动，截留下的大颗粒物质在底部被螺旋输送器排出机外。分离后固形物含水率偏高，但结构简单，处理量大。

◆ **相关生产企业**

聊城绿能新能源有限公司、郑州丰迈机械设备有限公司、河南科菲莱机械设备有限公司、曲阜市春秋机械有限公司、合肥信达环保科技有限公司。

◆ **典型机型技术参数**

聊城绿能新能源有限公司生产的SLC-800固液分离机（图4-20）主要技术参数：

名　称	单　位	参　数
主机功率	kW	3
泵功率	kW	1.5 ～ 2.2

（续）

名　称	单　位	参　数
振动功率	kW	0.04
电压	V	380
处理量	m^3/h	15 ~ 30
外形尺寸（长 × 宽 × 高）	m × m × m	1.88 × 1.45 × 1.43

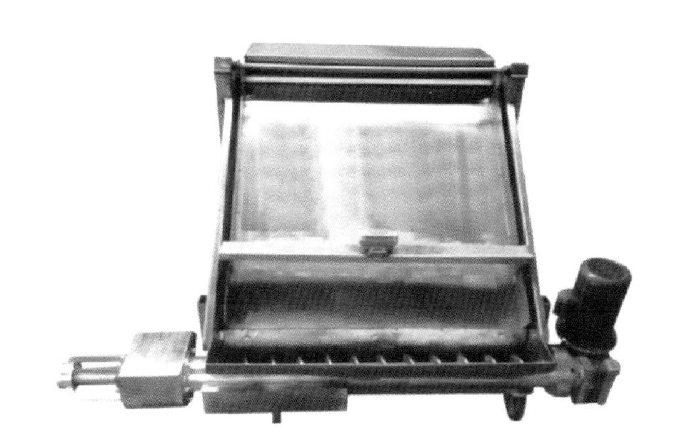

图4-20　SLC-800固液分离机

4.3　粪污转运装备

粪污转运是将畜禽养殖场内的粪污通过转运设备运送至处理中心。目前主要有针对含水率高、流动性较强的单一功能的吸粪车；针对流态、半流态性状粪污的收集、转运、撒施一体车；以及针对含水率低的干粪、半流态性状粪污的收集、转运一体式收粪车。

4.3.1　粪污转运车

◆ **功能及特点**

该类设备利用负压将粪污抽进罐体内转运至处理点后卸载，具清洁、环保、安全、高效的特点，是目前最常用的粪污转运设备。

◆ **相关生产企业**

XIAMEN XIANGJIN INDUSTRY、济宁华宇环卫设备有限公司、湖北五环专用汽车有限公司、湖北驰华专用汽车有限公司、淮安市苏通市政机械有限公司、郓城祥瑞环卫设备有限公司。

◆ **典型机型技术参数**

XIAMEN XIANGJIN INDUSTRY生产的污水车（图4-21）主要技术参数：

名 称	单 位	参 数
动力	kW	154.35
额定载重	kg	3 800
罐体容积	m^3	12 ～ 18
真空泵额定转速	r/min	1 400
全吸时间	min	5

图4-21 污水车

湖北五环专用汽车有限公司生产的吸粪车（图4-22）主要技术参数：

名 称	单 位	参 数
发动机功率	kW	103/96
额定载重	kg	3 800
罐体容积	m^3	5
外形尺寸（长 × 宽 × 高）	mm × mm × mm	7 000 × 2 200 × 2 650
总重量	kg	8 280

图4-22 吸粪车

4.3.2　多功能粪污收集转运撒施一体车

◆ **功能及特点**

该类设备利用负压将液态粪污抽进罐体内，也可利用前置铲粪装置收集粪污，转运至处理点后卸载。该类设备带喷洒功能，可直接将粪肥撒进农田。同时，该类设备可针对不同性状粪污，效率高，功能全，目前主要用在国外大型农场。

◆ **相关生产企业**

Mensch Manufacturing有限责任公司。

◆ **典型机型技术参数**

Mensch Manufacturing有限责任公司生产的V3410型粪污处理车（图4-23）主要技术参数：

名　称	单　位	参　数
空载重量	kg	10 505
满载总重	kg	22 679
回转半径	mm	3 657.6
外形尺寸（长 × 宽 × 高）	mm × mm × mm	7 035.8 × 2 463.8 × 3 073.4
工作幅宽	mm	2 590.8 ～ 4 267.2
功率	kW	161.7 ～ 176.4
低速	km/h	16
高速	km/h	32

图4-23　V3410型粪污处理车

4.3.3 粪污收集转运车

◆ **功能及特点**

该类设备主要通过绞龙收集粪污，大多在集粪铲斗内绞龙前方加带叶片的扒粪辊辅助收集，然后利用链板或者绞龙升运机构提升粪污，落入集粪箱，最后转运至集中处理点将粪污卸下。该类设备集粪污收集、转运为一体，适用范围广，安全高效，卸料便捷。

◆ **相关生产企业**

青岛歌利亚机械有限公司、青岛友宏畜牧机械有限公司、青岛三合机械有限公司、任丘市金牧机械制造有限公司、山东德欧重工机械有限公司、山东百盛畜牧机械科技有限公司、泰安泰山国泰拖拉机制造有限公司、河北泰亨农业机械有限公司。

◆ **典型机型技术参数**

泰安泰山国泰拖拉机制造有限公司生产的9CZ-2.03自走式清粪车（图4-24）主要技术参数：

名　称	单　位	参　数
外形尺寸（长×宽×高）	mm×mm×mm	5 080×2 030×2 860
清粪幅宽	mm	2 030
料斗容量	m^3	47
最小使用质量	kg	3 580
轴距	mm	2 610
前轮轮距	mm	1 660
后轮轮距	mm	1 460
行走速度	km/h	抵挡0～3，高档0～16
换挡方式	—	动力换挡，无级变速
转弯半径	m	5.2
卸料最大倾角	°	42
场地倾斜度要求	°	≤6
物料固含量要求	%	15～85

图4-24　9CZ-2.03自走式清粪车

任丘市金牧机械制造有限公司生产的清粪机（图4-25）主要技术参数：

名　称	单　位	参　数
发动机功率	kW	45.6
容积	m^3	3.8
工作速度	km/h	5 ~ 15
外形尺寸（长 × 宽 × 高）	mm × mm × mm	5 700 × 2 100 × 2 700
作业幅宽	m	2 ~ 2.8
粪仓闭合方式	—	液压式

图4-25　清粪机

青岛三合机械有限公司生产的QF0624清粪车（图4-26）主要技术参数：

名　称	单　位	参　数
箱体容量	m^3	6
外形尺寸（长 × 宽 × 高）	mm × mm × mm	5 530 × 1 860 × 2 740
动力	kW	65
变速方式	—	液力无极变速
挡位	—	2
驱动方式	—	全时四驱
卸料方式	—	推送式
清粪宽度	mm	2 000
行走速度	km/h	0 ~ 8/0 ~ 20
行走高度	mm	2 780
转弯半径	mm	6 200
整机重量	kg	4 280

图4-26　QF0624清粪车

河北泰亨农业机械有限公司生产的清粪车（图4-27）主要技术参数：

名　称	单　位	参　数
外形尺寸（长×宽×高）	mm×mm×mm	5 400×1 950×2 550
动力	kW	70
整机重量	kg	3 800
容积	m^3	5

图4-27　清粪车

第五章 农业废弃物收储运模式

农作物秸秆的资源化利用和畜禽粪污的资源化利用是缓解农业面源污染的有效途径，但是在源头收集—转运—存储—处理整个资源化利用推进的过程中面临很多的难题，尤其是处理过程的前端环节——收储运，面临的困境更是复杂多样。本章推荐了几种有效的收储运模式、装备配置方案和典型案例，为农作物秸秆和畜禽粪污的处理的收储运环节提供参考，以期推动资源化利用健康可持续发展。

5.1 秸秆收储运模式

5.1.1 秸秆收储运经营模式

秸秆收储运是在保持其利用价值的前提下，将分散在田间地头的秸秆采用经济、有效的收集方法和设备及时进行收集、运输和存储或直接运输至秸秆综合利用方，是秸秆资源化利用的基础。

近年来，随着秸秆能源利用等综合利用技术的推广，许多地区已经建立了收储点，形成以秸秆经纪人或专业收储运公司为依托的收储运模式，为秸秆收储运积累了成功经验。我国秸秆收储运的主要模式可分为分散型和集约型两种。

5.1.1.1 分散型秸秆收储运模式

分散型秸秆收储运模式以农户、秸秆专业户或秸秆经纪人为主体，把分散的秸秆收集后直接卖给企业。分为“公司+农户”型和“公司+经纪人”型两种。

(1)“公司+农户”型收储运模式　“公司+农户”型模式是农户为了不影响下茬作物耕种，把自己田里的秸秆清理出来，直接送到利用企业卖掉的方式。一般是公司附近的农民，将自己的散装秸秆或打捆后的秸秆，采用三轮车或平板车，直接送到公司收购点，未打捆秸秆经站点加工打捆后储存。

特点：①供应距离近，辐射半径一般不超过5km；②供应量少，一般为农户自家承包地所产秸秆量；③供应时间短，具有随机性，不便于原料管理和控制。

(2)“公司+经纪人”型收储运模式　“公司+经纪人”型模式是指秸秆利用企业通过协商方式组织一支秸秆经纪人队伍，经纪人与公司达成长期供货协议，专门负责收集专业户或农户的秸秆，交送至公司。

秸秆经纪人一般采取两种方式收购秸秆：一是秸秆经纪人自己购置运输车辆，设立储料场，从农户手中收购秸秆，存放在储料场，定期向生物质发电厂、成型燃料厂等企业供应原料；二是秸秆经纪人培育一批秸秆收购户，并定期预支给收购户周转资金，用来收购秸秆、购买手扶拖拉机等农用运输工具，由这些收购户收购秸秆，并负责运送到发电厂。

特点：①供应距离较远，辐射半径10 ~ 15km以上；②供应量大；③供应时间长，原料供应容易控制。

5.1.1.2　集约型秸秆收储运模式

集约型秸秆收储运模式以专业秸秆收储运公司或农场为主体，负责原料的收集、晾晒、储存、保管和运输等，并按照秸秆综合利用企业的要求，对秸秆质量把关，然后统一打捆、堆垛、存储。分为“公司+基地”集约型和“公司+收储运公司”集约型等两种。

(1)“公司+基地”型收储运模式　“公司+基地”型模式主要指企业与附近的农场、农村（农机）专业合作社（组织）等农林废弃物分布集中、储量大的单位签订原料供应协议，根据实际情况，统一调配原料基地的原料，以满足秸秆利用企业的原料需求。

特点：①供应距离远，辐射半径15km以上；②供应量大，原料供应稳定，可以进行原料的粗加工，如粉碎、打包等；③供应时间长，供应容易控制；④原料统一调配，减少储运成本。

(2)“公司+收储运公司”型收储运模式　“公司+收储运公司”型模式主要适用于大型生物质秸秆发电厂、造纸厂、牛羊养殖场等，而且秸秆收储运公司也是由用量大的企业培养发展起来的。秸秆收储运公司对秸秆实行分散收集、统一储运管理，多以现有农户或秸秆经纪人作为秸秆的主要收集者，进行秸秆的收集、晾晒，按照收储运公司的要求统一运送到秸秆收储点进行储存、保管。另外，有些收储运公司通过培育秸秆农民合作组织，形成从农民合作组织到秸秆收储公司再到利用企业的系统化的秸秆收储运体系。收储公司与合作组织签订合同，规定收购的数量、质量和价格等内容，由合作组织与分散农户连接，负责原料收集、预处理和小规模储存。根据需要，专业合作组织定期运送秸秆到收储站。

特点：①秸秆供应稳定，质量可控；②需要建设大型秸秆收储站和配备防雨、防潮、防火和防雷等设施，占地多，投资大；③折旧费用和财务费用等固定成本高。

5.1.2　秸秆收储运装备配置方案

秸秆的综合利用，目前有肥料化、饲料化、燃料化、原料化、基料化等利用方式，每一种利用方式都离不开收集、运输和储存，应根据不同的利用方式，配备不同的收集装备和储存方式。

5.1.2.1　收储运装备配置方案的影响因素

秸秆收储运是秸秆资源化利用的前端保障，收储运的整体效率、投入成本是用户或秸秆经纪人首要关心的问题，在现有成熟装备的基础上，收储运模式的选择即收储运装备的选型与配置是解决在复杂多样的环境中利益最大化的关键因素。而收储运装备配置方案的选择则与秸秆种类、离田模式、运输距离、利用途径、存储方式等紧密相关。

如秸秆离田可分为打捆离田和散草离田两种模式，相应装备的选择和配备也就有较大差异。即使是打捆离田模式，从作业方式上还可分为谷物联合收获秸秆打捆、秸秆捡拾打捆，从捆形上可分为方捆、圆捆，从捆大小上可分为大捆、小捆。而散草离田模式，从作业方式上可分为谷物联合收获秸秆切碎抛送集箱、秸秆捡拾集箱、秸秆割捆等。因此，秸秆收储运装备的配置方案是多种多样的，以下仅选择几种典型方案进行分析。

5.1.2.2　典型收储运装备配置方案

（1）秸秆捡拾大捆离田　图5-1是秸秆捡拾大捆离田作业流程。秸秆捡拾大捆离田适用于平坦大面积农田作业，可充分发挥各设备的性能，实现秸秆的高效收集与转运，同时劳动强度低，收集半径大。

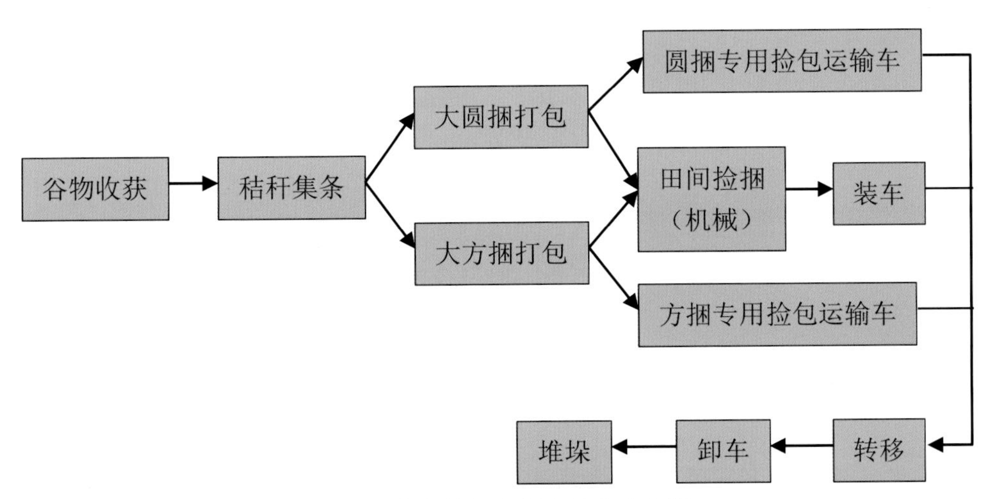

图5-1　秸秆捡拾大捆离田作业流程

（2）秸秆捡拾小捆离田　图5-2是秸秆捡拾小捆离田作业流程。秸秆捡拾小捆离田适用范围比较广泛，大小田块均适用。在小田块作业时，其工作效率明显降低，人工成本增加，但目前是解决小田块秸秆离田的最优方案之一。其中在稻麦轮作区域土壤软黏地区有专用的履带式秸秆打捆机。

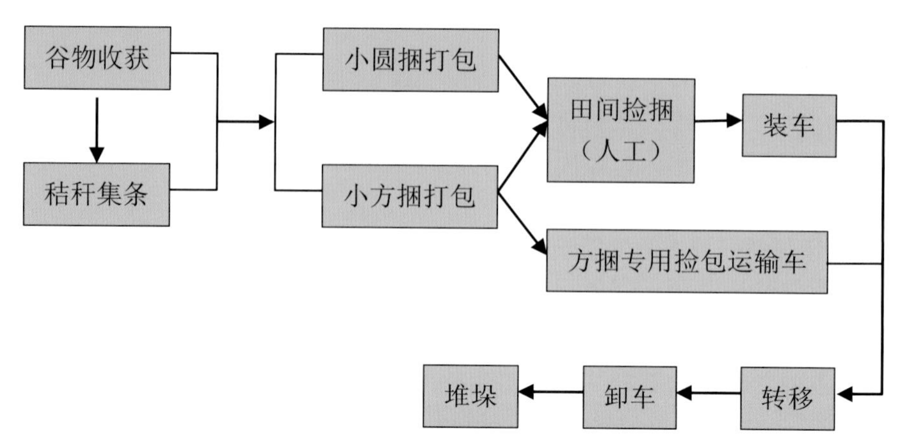

图5-2　秸秆捡拾小捆离田作业流程

（3）*散草捡拾集箱*　图5-3是散草捡拾集箱离田作业流程。散草捡拾集箱可实现秸秆的快速离田，在收储点半径10km以内，相对捆包离田，具有明显的效率、经济优势，且收集后的秸秆可根据需求灵活处理。若需远距离运输，可在场地将散草压缩成大方捆再转运。

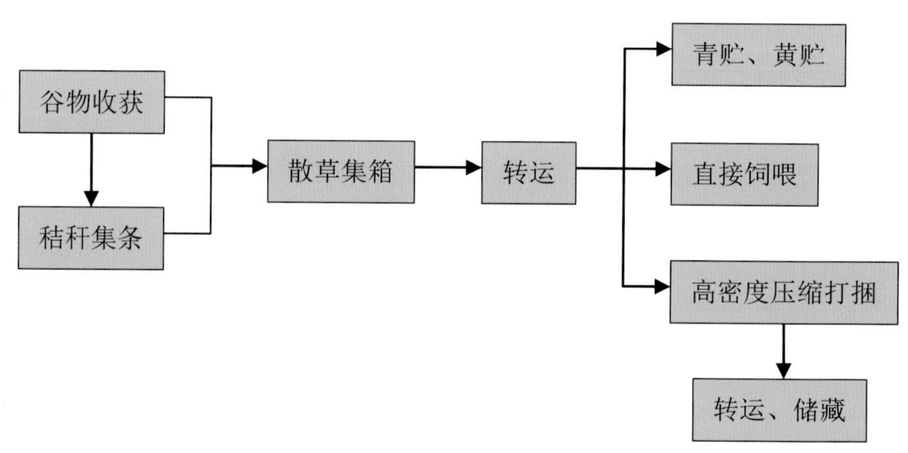

图5-3　散草捡拾集箱离田作业流程

（4）*青贮收获式散草集箱*　图5-4是青贮饲料收获、玉米茎穗兼收和柠条收获时的秸秆离田作业流程。其最大的特点是秸秆不落地集箱，适于作饲料，尤其适合短距离青黄贮。国内相关装备已经发展到了相对成熟的阶段，可针对作物种类、作业区域环境等要求进行合理配置，减少散料收集运输成本，减少作业操作人员，缩短作业周期。

以上几种秸秆收储运装备配置方案中都离不开秸秆转运，目前我国尚没有秸秆短途收集运输专用车，大多是自行改造的运草车甚至是利用三轮农用车，缺乏统一管理，存在安全隐患。

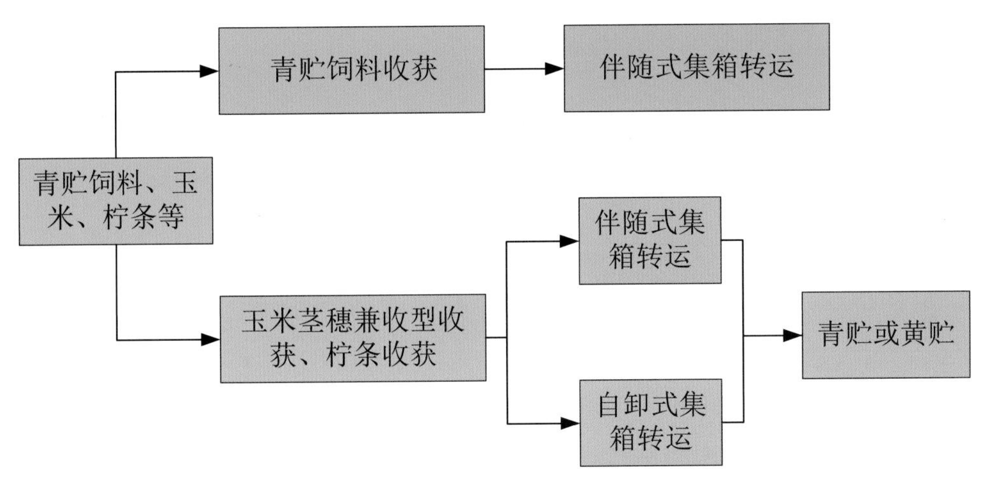

图5-4　青贮收获离田作业流程

5.1.2.3　秸秆储存模式

秸秆储存可以采用分散储存和集中储存两种模式。

（1）*分散储存模式*　为了减少秸秆使用单位的建设投资，秸秆原料可由农户分散收集、分散存放，然后根据使用单位对原料的质量和品种要求，让农户分阶段定量提供秸秆原料。

分散储存模式的主要优点：减小了秸秆使用单位对生产原料储存库房和场地的投资，减少火灾发生的可能性。分散储存模式存在的问题：农户各自储存秸秆原料，会造成秸秆在农村居住区内无序堆放，不便于统一管理。

（2）*集中储存模式*　集中储存模式是将从农户收集来的秸秆原料集中储存在库房或码垛堆放在露天场地，要求对原料分类，按工序堆放整齐，并能防雨、雪、风的侵害。

集中储存的优点是能保证原料供给及时，但存在安全隐患，需要增加消防设施。

5.1.3　秸秆收储运典型案例

5.1.3.1　山东省兰陵县三超农机合作社——秸秆综合利用

山东省兰陵县三超农机合作社专业从事秸秆收储运，现有秸秆圆捆打捆机60台、方捆打捆机15台、大型秸秆成型机1台、专用秸秆装卸抓车20台、搂草机20台、拖拉机61台、运输车100台。在小麦主产区乡镇建立了15个秸秆存储点，其中10 000t以上储存点2处，2 000t以上5处，2 000t以下的8处。合作社将回收的秸秆进行分级处理：一级秸秆直送养牛场和造纸厂作为饲料或造纸原料；二级的送生物质热电厂或自有的秸秆气化站作为可再生能源利用；对三级霉变秸秆进行粉碎处理，送入大型沼气站进行厌氧发酵，产生沼气，利用输气管网送至农户。气化站生产的生物气是有机肥厂的热源，产生的焦油是生产有机杀虫剂的原料，草木灰是有机钾肥。对生产沼气产生的沼渣、沼液进行处理，可产出有机肥和作物叶面肥（图5-5至图5-8）。

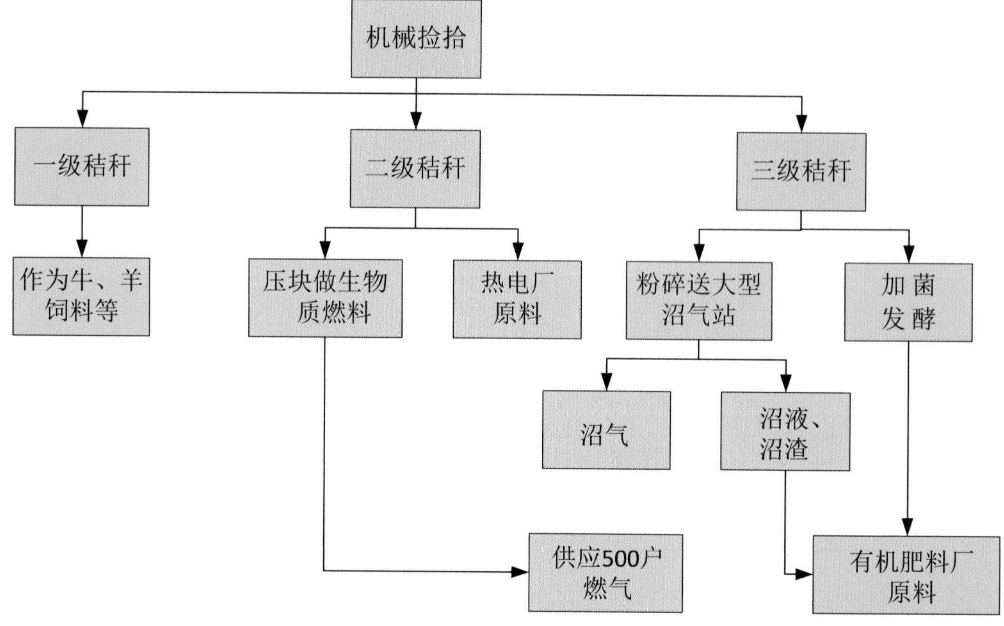

图5-5　兰陵县三超农机合作社秸秆综合利用收储运模式

图5-6　收集用打捆机

图5-7　分级处理

图5-8　生产沼气

5.1.3.2 山东沃泰生物科技有限公司——蔬菜秸秆肥料化规模利用

山东沃泰生物科技有限公司位于山东省青州市谭坊镇。在山东寿光、青州等地，蔬菜秸秆产生量大、季节性强且性状复杂。为了解决蔬菜秸秆随意堆弃污染环境的问题，当地建设了以蔬菜秸秆为主要原料的有机肥生产工厂，年处理蔬菜秸秆可达50万t。由政府协助建立蔬菜秸秆收储点、临时堆放点，企业到收储点和临时堆放点收集蔬菜秸秆运送至工厂。图5-9是该公司以蔬菜秸秆为主要原料的有机肥生产工艺流程。主要设施包括原料车间、粉碎车间、陈化车间、自动化生产车间、混料车间、包装车间、成品库和实验室等。主要装备包括蔬菜秸秆集运车、大型蔬菜秸秆粉碎机、可分离塑料绳膜的清杂分选机、原料混合机、布料机、翻堆机、二次清选粉碎机、颗粒肥加工机等（图5-10至图5-13），其中用于蔬菜秸秆收储运的装备有拖拉机8台、运输车8辆、抓斗车4台。该模式社会效益显著，适用于蔬菜生产规模较大的集中连片区。

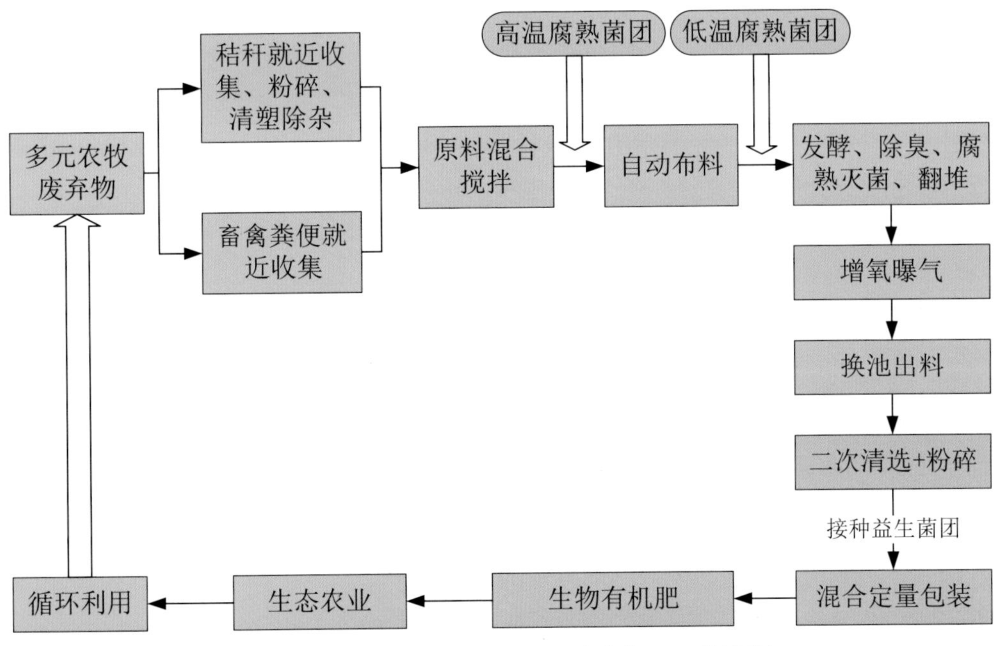

图5-9 蔬菜秸秆和畜禽粪污生产有机肥工艺流程

图5-10 蔬菜秸秆收集与运输

图5-11 蔬菜秸秆粉碎

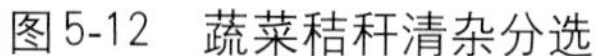

图5-12　蔬菜秸秆清杂分选

图5-13　蔬菜秸秆堆肥发酵

5.1.3.3　江苏省海安县——县域秸秆“两主三辅”利用

江苏省海安县地处苏中平原，是典型的稻麦轮作区，近年着重推广秸秆肥料化、能源化利用为主导，基料化、原料化和饲料化利用为辅助的“两主三辅”利用模式（图5-14）。

以秸秆能源化为例，海安县秸秆收储运及利用流程是：机械收割→田间收集→田间堆放→秸秆运输→秸秆收购→秸秆储存→秸秆粉碎→秸秆固化成型→成品存储→链式锅炉燃烧。收储运环节操作如下：

（1）田间收集、堆放、运输　稻麦收割后秸秆可行人工或机械收集，大田块可用机械收集并打捆，小田块可结合人工收集。乡镇收集以小型车辆运输为主，收购点到公司以大型车辆运输为主。

（2）秸秆收购　秸秆能源化利用最难的环节是收购，建立集中收购点常年收购，或培

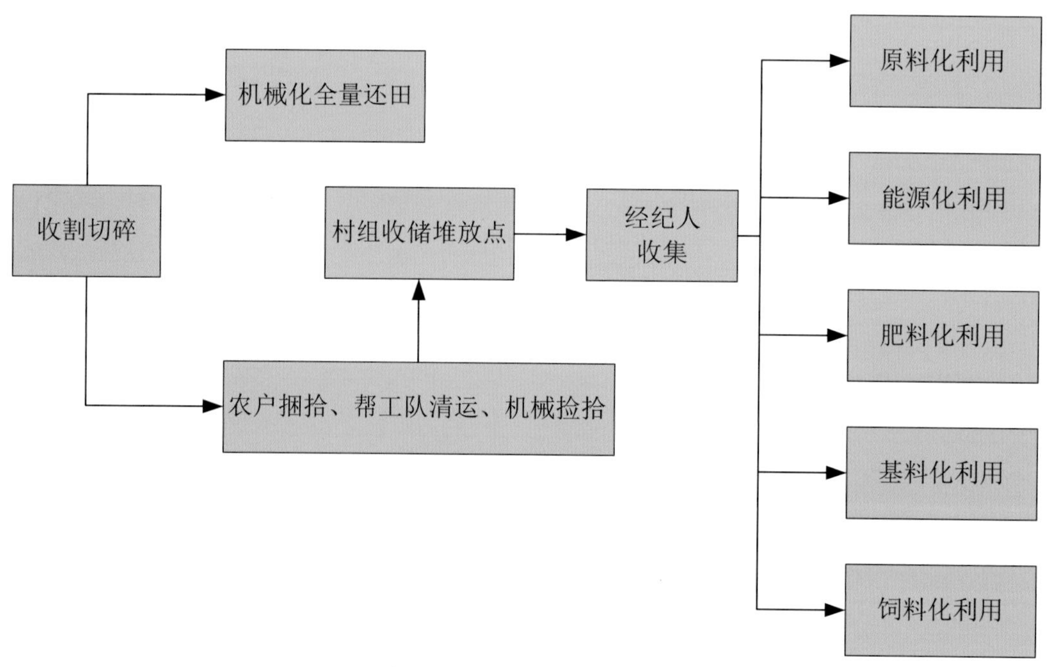

图5-14　海安县秸秆“两主三辅”利用模式

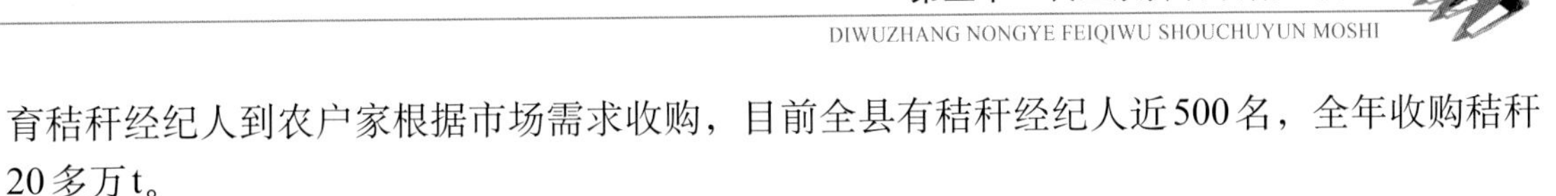

育秸秆经纪人到农户家根据市场需求收购，目前全县有秸秆经纪人近500名，全年收购秸秆20多万t。

（3）*秸秆储存*　秸秆收购后集中堆放储存，堆放点底层架空，可防潮、防自燃并风干秸秆。储存场地须水泥硬质路面，便于抓草机操作，排水系统、消防系统须完善。

海安县对本县境内从事秸秆多途径利用的企业或个人（含常年使用秸秆或秸秆颗粒替代煤炭的企业），全年收储利用本地秸秆量达1 000t以上的补贴8元/t。

县域内建有年收储规模在1 000t以上的收储点36处，拥有秸秆收储场地24.1hm^2，厂棚等设施面积约4.3万m^2。配置固定式、移动式秸秆打包机93台，抓草、夹包机29台，输送机35台，行车及吊机20台，地磅45台。

该模式适宜推广于水稻种植面积广、稻秸秆资源丰富地区，需要有配套的秸秆经纪人队伍。

5.1.3.4　黑龙江省国电汤原生物质发电有限公司——秸秆发电

汤原县位于黑龙江省东北部，三江平原西部边缘。主要农作物以玉米、水稻为主，每年农业废弃物产出大约150万t，其中养殖业可利用的仅20%，农民自用30万t，尚有90万t的秸秆废弃物需要寻找出路。

国电汤原生物质发电有限公司是国有生物质发电企业，配备两台75T/H中温中压秸秆锅炉，总装机容量为2×15MW，年秸秆需求量约25万t。汤原县秆杆发电利用模式见图5-15、图5-16。

汤原公司秸秆收集的主要形式是圆捆，配有搂草打捆机110台套、运输车30辆、卸车堆垛设备11台套，包括：抓草机、伸缩臂叉车、钩机、推土机等。采取农机专业合作社、农民经纪人和农户直接送料三种收集模式。

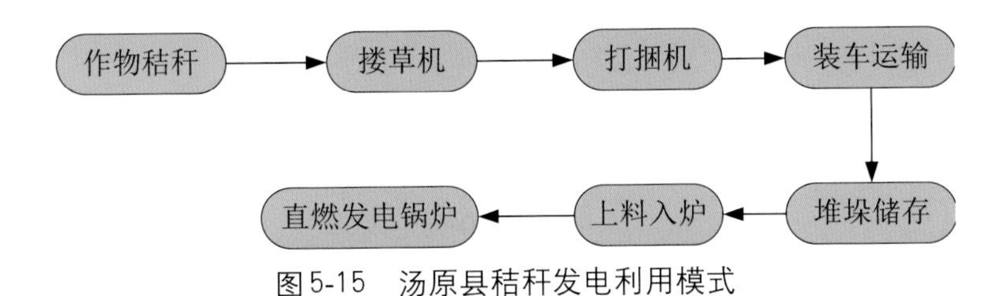

图5-15　汤原县秸秆发电利用模式

图5-16　汤原县秸秆运输

5.1.3.5　四川省广汉市——秸秆综合利用

四川省广汉市地处四川盆地腹心、成都平原核心地带，主要种植小麦、油菜和水稻，全市年播种面积7.33万hm^2，秸秆年产出量约60万t，年处理秸秆约18万t。通过建立收储运体系，做到秸秆全域化、全量化综合利用。主要特点：

（1）*建立以专业合作社为主的收储运体系*　通过政府引导、社会参与、市场运作方式，全市已建立17个秸秆收集专业专合社，并动员和吸收了24家其他各类专业合作社参与，专业合作社收储能力覆盖全市所有乡镇。

（2）*实现“三化”为主的全域全量化利用*　发挥企业主体作用，建立“专业合作社收集+企业加工”的秸秆收储、加工体系，完善秸秆“收、运、储、加、用”五位一体的产业链，形成以秸秆“肥料化”“基料化”“燃料化”为主的利用方式，秸秆综合利用率达100%。

（3）*建立政府投入为主的运行机制*　以政府投入为主，引导社会资本投入，构建“市场运作+财政奖补”的秸秆综合利用运行机制。

（4）*建立系统的政策扶持体系*　出台了一系列扶持政策，形成了完备的政策扶持体系，对秸秆综合利用企业在用地、用电、税收等方面进行扶持，并着力向秸秆能源化利用倾斜。

广汉市秸秆综合利用模式见图5-17至图5-20。

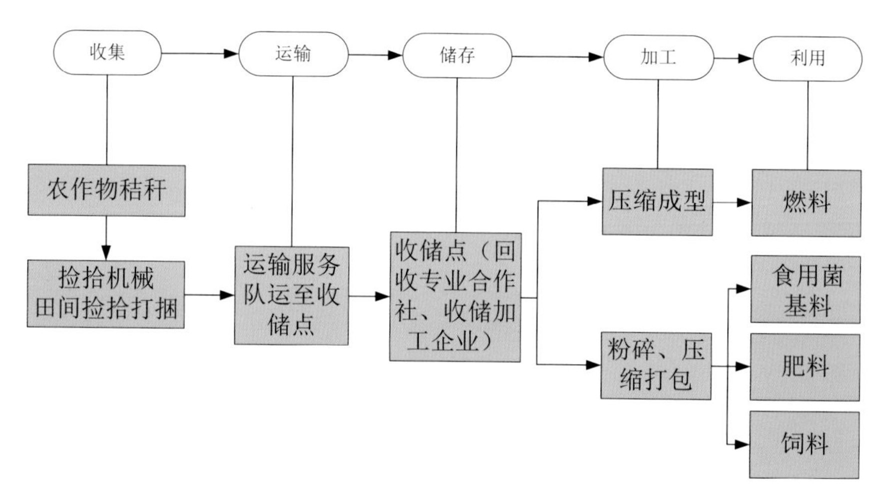

图5-17　广汉市秸秆综合利用模式

图5-18　广汉市秸秆收集

图5-19　广汉市秸秆运输

图5-20 广汉市秸秆仓储

5.2 粪污集中收储运处理模式

5.2.1 畜禽粪污收储运处理模式选择

对于小规模养殖户，投资、场地、技术均有限，处理利用粪污是一大难题。另外，畜禽养殖密集区的粪便排放量多且分散，直接发酵还田对耕地的压力较大。以地区为单元设置专业的收集处理中心，由专业收集处理中心来集中处理粪污是畜禽养殖场户（主要针对生猪栏存1 000头以下养殖场）密集区较有效的资源化利用模式。集中处理中心通过专业化收集、规模化处理、分散化应用，能很大程度上缓解环境污染和土地承载压力。集中处理中心主要依靠政府扶持建设，并由政府、农户、企业、市场共同推动运营，主要有企业主导模式、政府引导模式、公私合作模式等。应按地区设置处理中心，中心所需投资、用地及相关方利益协调，方便由当地政府解决。

针对小型分散畜禽养殖粪污的分布现状及地形、交通等条件的限制，处理中心通过建立区域散养户畜禽废物产生源数据库和服务区域信息地图，摸清收集点、收集位置、收集频率和需要的人工，评估人力、物力和运行等收集成本费用。收集范围一般尽可能控制运输距离在10km 范围内，便于统筹规划收集路线，节约收集成本。在小型分散畜禽场（户）建设标准化防雨、防渗、防漏的粪污收集池和干粪堆积棚，以有效容积满足储存3 ～ 5d的排污量设计，有道路通达，便于吸粪、运粪车辆通行操作。组建专业清运队伍，配置自吸式吸粪车和自卸式运粪车等专用收集车辆，使用密闭程度高钢制罐，以避免在运输过程中抛、洒、滴、漏及散发臭气而导致环境污染。尽可能采用直接运输为主、一级转运为辅的工艺路线。对交通方便的散养户，采用“车辆流动收集方式”；对于远离公路的散养户，采用“中转站收集方式”。要严格操作程序，居民区、人口密集区与规模养殖场距离不得小于500m，否则不利于防范疫病。要充分考虑市场波动引起存栏量不稳定导致粪污原料的不足，影响中心运营。当本区域粪污供应量减少时，增加作物秸秆、餐厨垃圾等其他废弃物收集，以保证处理中心有序运营。

5.2.2 畜禽粪污集中处理典型案例

5.2.2.1 江苏苏港和顺生物科技有限公司

江苏苏港和顺生物科技有限公司实施的“大丰市畜禽养殖废弃物综合利用试点项目”被列为国家畜禽养殖废弃物综合利用的示范试验项目，该项目总投资6 391.07万元，占地面积12.67hm^2，年处理畜禽粪便8.7万t，年产生物燃气397万m^3、沼液15万t、基质0.5万t。该项目主要由预处理系统、厌氧发酵装置（14 800m^3）、出料固液分离装置、固体有机肥工厂、沼气净化提纯系统等组成，具体工艺流程见图5-21，实现了“废弃物+清洁能源+有机肥”三位一体的高效绿色处理模式。

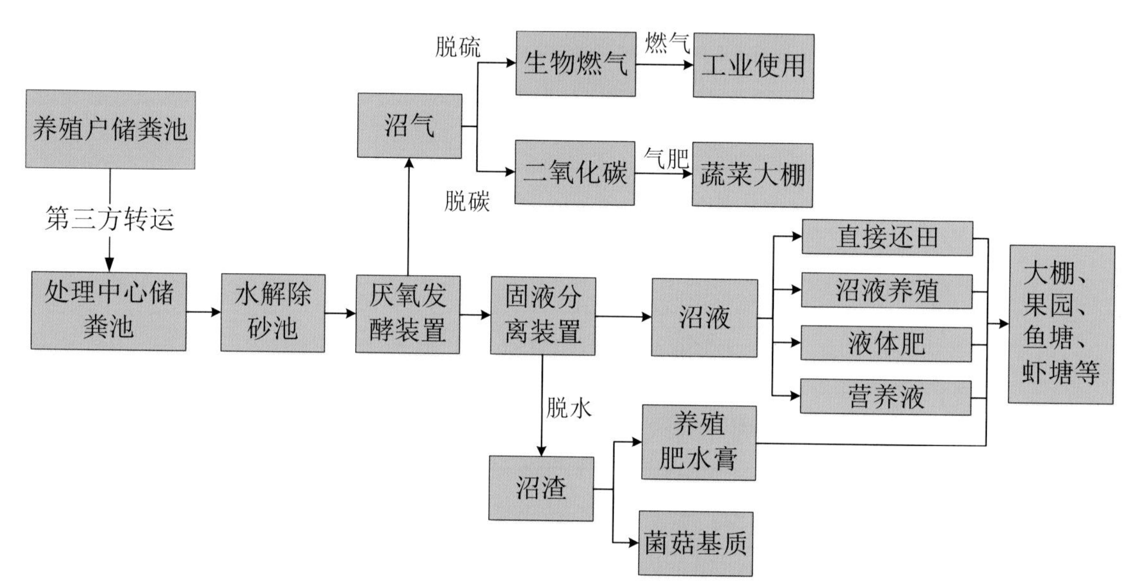

图5-21 苏港和顺公司沼气工程工艺流程图

该项工程以纯鸡粪为原料，粪污收集模式主要采用的是第三方集中处理模式。该处理模式主要依靠政府扶持建设，由政府、农户、企业、市场共同推动运营。

由粪污处理企业与规模化养鸡场签订粪污收集合同书，养殖场自建畜禽粪便收集池和便道，为收集、运输、利用畜禽粪便提供必备的基础条件；粪污处理企业则组建专业的经纪人车队，负责上门收集畜禽粪污，根据不同大小的养殖规模、蓄粪池的大小，定时定人定量上门收集，收集半径在70km内，保证粪污的及时清运。该企业每天处理600 ～ 900t的鸡粪，共配套系列运输车37辆（规格8 ～ 18t运输车各若干辆，一般10t的运输车对应收集10万羽规模的养鸡场）。粪污运输车由处理企业召集当地的车辆来登

江苏苏港和顺生物科技有限公司

记在册，并对其进行统一改造和统一管理。运输车司机都由附近农民兼职，企业根据距离、吨数的不同，统一付运费。运输费平均每吨按到厂50元计，其中区级承担20元、镇级承担10元、养殖户承担10元、处置企业承担10元。

5.2.2.2　武进区农业废弃物综合处理中心礼嘉站

江苏省常州市武进区农业废弃物综合处理中心礼嘉站，位于常州市武进区礼嘉镇万顷良田规划园区，占地面积2hm^2多。园区内耕地面积333.3hm^2，周围15km范围内分布着大、中、小型养猪场共72个，育肥猪总存栏量约为1.5万头。自2012年9月开始运行，粪污年处理量约3万余t，厌氧发酵产生沼气夏季600 ～ 700m^3/d，冬季约300m^3/d，主要用于发电和烧制热水，沼液用于周边农田。武进区农业废弃物综合治理中心礼嘉站工艺流程见图5-22。

该粪污处理中心的沼气工程主要以畜禽粪便和作物秸秆为原料，粪污收集模式主要采用的是第三方集中处理模式。畜禽粪便主要来源于周边72家养猪场，由政府出资统一为养猪场建造雨污分流设施，做到源头减量，并根据养殖场规模配套建设粪污收集暂存池，可存储3 ～ 5d的粪便。由经纪人车队将每天的清运计划安排到户，共配置带有GPS定位的吸污车4辆（容积3t 2辆、容积5t 1辆、容积10t 1辆）上门收集，经纪人车队和养殖户实行

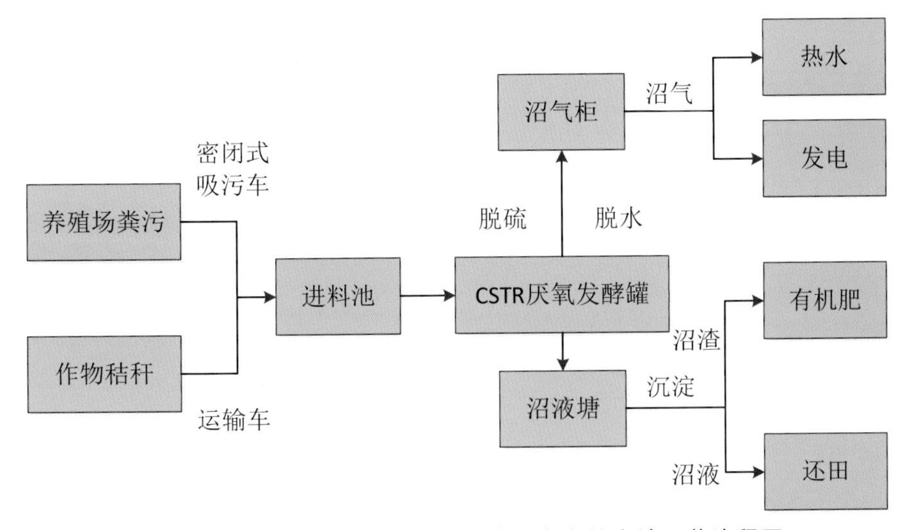

图5-22　武进区农业废弃物综合治理中心礼嘉站工艺流程图

图5-23　武进区农业废弃物综合处理中心礼嘉站

图5-24　沼液储存池

“两不找”方式。该粪污处理中心每天收集约100t粪污，其收集半径约为15km。处理站配备有沼液管道直通附近农田，用于站内自有的26.67hm^{2}田地和附近的果园施肥。

以上两种粪污收储运模式均属于第三方集中处理，在部分流程、收集细节和经济效益等方面略有不用。该处理模式适用于大规模养殖场、区域内中小规模养殖场集中的畜禽粪便收集处理，对粪便的处理能力大，但其运行成本高、占地面积大、对消纳粪便的耕地规模要求也高，并且需要政府一定的经济支持。该种模式通过产业融合，产生多元化再生产品，增加产业附加值，尽可能延长产业链，才能实现“市场化为主，政府扶持为辅”的持续性运营。